U0262136

集中できないのは、
部屋のせい。

书房改运整理术

[日] 米田玛丽娜　著

刘晓霞　译

人民东方出版传媒
People's Oriental Publishing & Media

东方出版社
The Oriental Press

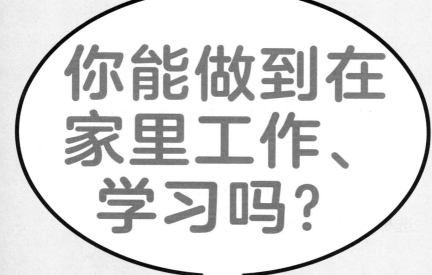

办公室、咖啡馆、图书馆、酒店……

有利于集中注意力的场所越多越好，这样我们就可以根据当天的事情、心情、天气选择最合适的地方工作或学习了。

当然，如果能在自己家里集中精力工作或学习，那就再好不过了。

遗憾的是，我听过不少人抱怨在家里没办法集中注意力。他们的烦恼如下。

通过收纳整理来解决这些烦恼吧。

通过收纳整理，房间会戏剧性地变宽敞。

不必特意到外面去找地方工作或学习，我们可以通过收纳整理来解决那些"在自己家里无法集中注意力"的烦恼。只要房间收拾好了，无论是居家办公、学习，还是放松、做家务、健身，想做什么就能做什么。

你的家里是否杂乱无章，让你觉得没办法居家办公或学习？如果是的话，那就马上行动吧。

或许你片面地认为收纳整理是一件非常难的事。如果是的话，那就从今天开始改变这一认识吧。

因为与你日常在做的工作或学习相比，收纳整理要简单得多。

只要掌握了几项原则，你这辈子都不会为收纳整理而苦恼。

"什么，
原则？"

你是不是觉得收纳整理很麻烦？请放心。

她是谁？

日本一级整理收纳顾问

米田玛丽娜

曾依据与收纳整理有关的约100万人份消费者数据为家庭主妇及商务人士提供咨询服务。

不用把东西都扔了！

你只需要这样做…

一组只需 30分钟！

① 把物品全部拿出来

② 按照使用频率分类

③ 确定物品的固定放置位置

越是经常使用的东西，就越要放在近处！

④ 使用后及时放回

不要再把无法集中精力办公或学习的原因归咎于"环境"了。

不用去咖啡馆，不用租借酒店的房间，只要把自己的家整理得有利于集中注意力，就能使自己成为"想做的事一定能做到的人"。

为此，我将教给你"受用一生的整理收纳方法"。

一起
加油吧！

前　言

整理的新常态

你在家里工作或学习进展得顺利吗?

在家里能够保持和在职场或学校同样的专注力吗?

尽管居家办公的环境非常好,但每隔十分钟就会忍不住看看 SNS(社交媒体)。

焦虑于有很多事情要做,但却无法集中精神于眼前的任务。

视线里总会看到各种各样的东西,静不下心来。

相信不少人都有这样的烦恼。

要是在自己家也能拥有和办公室、咖啡馆一

样的，甚至更好的容易让人集中精力的环境就好了。

本书将介绍一种**有助于提高居家办公专注力的房间整理术**。

居家办公有非常多的优点，比如可365天24小时营业、零办公室使用费、饮食自由、有空调、零移动时间等等。如果能够自主控制在家里的专注力，那么家就是效率非常高的办公场所。当时间不充裕的时候，天气不好或者担心新冠病毒等问题而不能出门时，能够继续做"自己想做的事情"。

现在市面上有很多关于收纳整理的图书，但大多数是以"认真生活""丰富生活"为目标的。其中的方法不适用于打造居家办公/学习环境，换句话说，不是以"打造能够集中精力的房间"为目的。书中介绍的方法也很难说对商务人士有所帮助。

因此，本书将以"**提高工作专注力**"为目的，总结方法。向每天忙碌于工作或学习的你，传授不费事的最便捷的整理房间的方法。

整理不好的原因不在于心情，而在于系统

首先，很多人对收纳整理存在一个错误认识，即混淆了以下两点。存在以下两个错误认识：

一是在收纳整理方面太过重视"精神论"，即优先考虑自己的心情，比如"非常在意（某样东西）是扔掉还是留下""除了自己喜欢的东西，其他全都干脆地扔掉"等想法。对一件东西，从舍不得扔掉到能够扔掉，这种心理变化需要时间，而且每个人的性格都不一样，因此按照精神论来做收纳整理所达到的效果不尽相同。

整理不是精神论，而是机械的技能。

即使是不擅长收纳整理的人，也不必"做好

改变自己的准备"。

"整理不好"不是因为性格的问题，只是因为没有掌握整理的规则，或者是因为房间的面积相对于物品总量来说太狭小了。不是你自身有问题，是"系统"存在问题。

另一点是对整理前后的对比效果期待太高。

整理不是一朝一夕就能有效果的事情，我非常理解那种想要迅速把房间整理干净的心情，但过了一周后房间再次变得乱糟糟的，那就得不偿失了。甚至有可能导致自我肯定感大打折扣，变得不喜欢居家做事。

我们的**目标应当是打造不会故态复萌的房间**。维持能够长期集中精力的环境。

本书将介绍每个人都可以轻松尝试的整理方法。只要按照步骤一步步来做，就能把房间逐渐收拾整洁，打造一个长期井井有条的房间。

■ 来更新一下收纳整理方法吧

目前，我白天在风投公司从事数据分析的工作，晚上在大学的研究生院学习，节假日则变身为收纳整理顾问，向企业或个人客户提供咨询服务。幸运的是，无论是工作、学习还是提供顾问服务都是在线完成的。我的爱好——普拉提、做饭、观看搞笑节目等，也都可以在家里悠闲快乐地完成。

从小学生时起，我一直都是通过居家学习/做事来做出成绩。本书将在我迄今为止积累的经验或通过工作获得的知识的基础上，向大家传授适合居家做事的房间整理方法、整理技能。而且我不仅仅教授技能，也注重讲解其深层的科学根据（evidence）。

随着科技的进步，现在多数工作都可以在家里完成。但另一方面，在居家整理方面，大多数人还是模仿父母那辈的做法。在看不出效果的事情上花费时间，是**非常低效**的。

本书的目标是通过一种整理方法，不仅帮助商务人士，也能帮助家庭主妇、考生、学生打造在家里能够集中精力的环境，从而取得成效。

现在正是改变以往传统做法的好时机。

来一起给你的整理方法升个级吧！

收纳整理顾问

米田玛丽娜

本书对以下人群有所帮助

①想要不花时间就可以把房间整理好！

②想要打造能够集中精力的环境！

同时实现①②

本书的构成

STEP1

弄明白无法集中注意力的理由和整理的基础

第1章

打造有利于集中注意力的房间的基础

STEP2

实践整理方法

第2章
整理①
存档
(临时保存)

→

第3章
整理②
简洁
(减法思维)

→

第4章
整理③
分享
(共享)

STEP3

打造有利于集中注意力的书房空间

第5章

有利于集中注意力的房间整理法

● 既可以按照步骤来做，也可以从你认为有所帮助的地方开始阅读！
● 想要迅速整理房间，请从第2章开始阅读。

目　录

桌子上不要放东西！

——只用 10 秒就能进入状态的收纳整理法的基础

第2章

越常用的东西越放在离自己近的位置

——按照使用频率来分类的整理+收纳法

第3章

最后的最后再关注内装

——绝对不会故态复萌的"减法思维"

第 4 章

纸类或衣服不必丢掉，可以分享出去

——聪明地扩张房间的"不持有某物"的整理方法

第 1 章

桌子上不要放东西！

——只用 10 秒就能进入状态的收纳整理法的基础

本章是进入具体的"整理方法"前的准备阶段，首先让你弄明白为什么你居家办公或学习时无法集中精力，然后传授你整理的基础。

[什么是有利于集中注意力的房间]

方法
01

"杂乱的房间不利于集中注意力" 的科学依据

阅读用时 **3** 分钟

"又把漫画书放在桌子上。**桌子上太乱的话，没办法集中精力学习哦！**"

相信很多人小时候都有过被父母这样教育的经历，然后一边抱怨着，一边不情不愿地收拾好漫画书，继续伏案学习。

桌子上的东西和专注力之间存在什么关系？

Evidence
关于这一点，普林斯顿大学的神经科学研究所曾经做过一项关于"给予视觉刺激的种类与专注力的相关性" 的研究，非常有意思①。

A

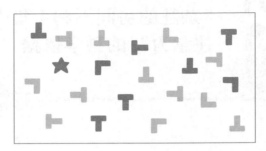

B

① 人类视觉皮层自上而下和自下而上机制的相互作用（In-
teractions of Top-Down and Bottom-Up Mechanisms in Human Visual
Cortex），斯蒂芬妮·麦克曼斯（Stephanie McMains）和萨比
娜·卡斯特纳（Sabine Kastner），2011 年。

首先，请观察一下第 4 页的两张图片。对比 A、B 两张图片，哪张会让你觉得"累眼睛"?

A、B 两张图片都杂乱地画满了朝向、形状各不相同的图形，都会让人觉得"累眼睛"。不过，B 给人的印象更加混乱。

■ 掌控给予眼睛的"刺激"

人在处理视觉信息时，有两种注意力类型相互发挥作用，分别是"自下而上型注意力"和"自上而下型注意力"。"自下而上型注意力"是指与自己的意志无关，由眼睛接收到的外部刺激潜在地发挥作用。"自上而下型注意力"是指基于脑中确定的事前信息，依照建议（先入为主）选择应该注意的对象。

我们用第 4 页的示意图来举例说明。请先看 5 秒 A 图，然后闭上眼睛。你记住了哪个图形?

你的脑海里是不是浮现出了唯一一个不同于其他种类的★?

在同一个组里，如果有不同种类的物品，即使数量很少，也容易在人的潜意识里留下印象。这就是自下而上型注意力。

这种刺激在"做事时，无关的事物突然进入视线的瞬间"也会发生。比如工作或学习中闯入视线的结算经费的小票、做 Excel 时进入视线的商业杂志……**无论再怎么提醒自己不要在意周边事物，但是只要视线中多了一样无关的信息，专注力就会不知不觉地减退。**

根据上述普林斯顿大学的实验结果，我们得知：视野中不成体系的多种类型的刺激越多，大脑的专注力越低。

换句话说，提高专注力最重要的秘诀是尽最大可能减少视线范围内的不同种类的东西。与正在做的事无关的事物都属于自下而上型注意力的刺激，它们会打断你的专注力，侵占大脑的 CPU。

无法集中注意力到手头的事情上，或许不是因为你的意志力太薄弱，只是因为你接收到的视

觉刺激太多了。与其培养坚韧的意志力，不如麻利地把桌子周围整理好，控制大脑里浮现的杂念。

父母总是提醒我们："漫画书不要放在书桌上，放到书架上去。"这种建议是让我们保证视线范围内不出现学习工具以外的东西，符合控制自下而上型注意力的理念。

One More
advice

我们再用 B 图来说明上面提到的"自上而下型注意力"。大致扫一眼这张图片，一般人们只会觉得图中有很多不同形状的图案，但是如果事先得到"请数一数■的数量"的指令，突然间■就变得清晰起来。

在杂乱无章的房间里工作或学习时，自下而上型注意力和自上而下型注意力在大脑里不断交织对立。于是，人们自然而然地无法集中注意力，或者很容易疲惫。

方法
02

去掉扰乱专注力的"未完成任务"

作业用时 **3** 分钟

本来打算集中精力工作或学习，却不停地给朋友发信息或者剪指甲、整理笔……你是否有过类似的经历？

当集中精力工作时，如果突然想起还有其他任务没有完成，专注力就被打断了。一旦精力无法集中，无论再怎么努力尝试集中注意力，还是会在意其他的任务。

因此，我们需要**完善环境，以保证我们不会注意到其他的任务。**

Evidence

在此，我想介绍一本书，叫《尽管去做：无压工作的艺术》(戴维·艾伦著)。这本书介绍了一种叫做 Getting Things Done（简称 GTD）的方法，通过把庞大的项目划分成一个个小项目，再按照正确的优先顺序来逐个完成。

我们来看一下其中与收纳整理有关的几个关键词。

GTD 的基本原则是无论是工作还是私人生活，要把所有任务进行细化，集中在一个清单上，然后消化并更新每日清单。只要写在了清单上，那么在实际着手做之前即使忘记也没关系。注意力只需一直集中在 "**正在做的一项任务**"。

我们的日常就是与 "未完成任务" 作斗争。

积攒的待洗衣物、尚未回复的同学会的邀请函、资格认定考试的参考书、孩子的入学手册……

每当想到有什么事做了一半还没有完成，你的大脑 CPU 就会被侵蚀。

所以，要想集中注意力，就**把必须做的事情写在备忘录上吧**。

然后，把桌子上的东西一口气全部清理干净。

这样一来，未完成任务和备忘录都从视野里消失了。只要有个合适的保管场所和智能手机的提醒功能，暂时在视野里消失也没关系。

让我们通过收纳整理来打造一个能够把精力只集中于眼前任务上的环境吧。

"各种必须做的事情乱七八糟地塞满了脑袋。**这正是最耗费时间和精力的。**"
——凯里·格里森

"脑子里想着未完成的任务，让人心神不宁，消耗能量。"
——布拉马·库马里斯

"同一个地方如果堆积着具有不同意义的东西，每当察看其中的内容时就必须思考一番。这非常令人厌烦，**你的大脑也会不再思考。**"
——戴维·艾伦

One More
advice

　　一开始，整理未完成任务和备忘录会让人有些抵触情绪。不过，通过在备忘录或提醒工具上记下来，对任务进行集中式管理，就算备忘录本身被收起来，也留下了记录，这样一来就能放心了。

方法
03

通过照片客观观察"障碍物"

作业用时 **15** 分钟

　　一般，我们很难注意到自己在生活中感受到的一些细微的压力。比如，玄关处放了一个纸壳箱，虽然它不会让人觉得痛苦，但是需要越过它才能进出，这就产生了无用功行为。

　　对于无意中给人增加压力的"障碍物"，每次都想清除掉。

　　那么，我们首先要做的是——**拍照**。

　　一个不错的办法是邀请严厉的朋友或者收纳整理顾问到家里来指导，但更简捷的方法是通过照片来客观审视自己的房间。

　　操作方法很简单：**你只需要把桌面和房间的**

各角落都拍下来。

关键在于不能像拍风景照那样去拍桌面或房间，**要把桌面上或房间里的每个物品近距离地如实拍下来**。敞开抽屉、打开柜门来拍。

不过，只拍桌面的话还好说，要拍整个房间大概需要 30 分钟到 1 小时。因此，要先设想好居家办公的一天如何度过，然后依据这一天的生活动线来拍摄。

比如，**桌子周边、洗漱台、厨房、床附近。**

此外，连接房间和厨房的"走廊"也是每天必经之地，这些地方都要拍到。

One More
advice

拍照时，即使非常在意杂乱无章的物品，也要先把它们如实地拍下来。拍完照片后上传到电脑或手机里，新建一个名为"家"的文件夹来保存和管理。这样能够清楚地看到自己把什么东西放在了哪里，非常方便。

如实拍摄

组合柜内部

洗漱台

[快速收纳整理③]

方法
04

东西用完不收起来是专注力的天敌！

作业用时 3 分钟

　　拍完照片后，我们来做确认清单。以下情况中，和你相符的有几项？

　　□有的东西没有固定放置位置，用完不收起来。

　　□相比于频繁使用的东西，几乎用不到的东西却近在手边。

　　□拍到了很多这个月一次都没有用到过的东西。

　　□某个地方放着根本用不到的东西。

　　□有妨碍行动的东西（某些东西不挪开就过

唉，必须收拾一下了

你的桌子上堆满了影响注意力的东西？

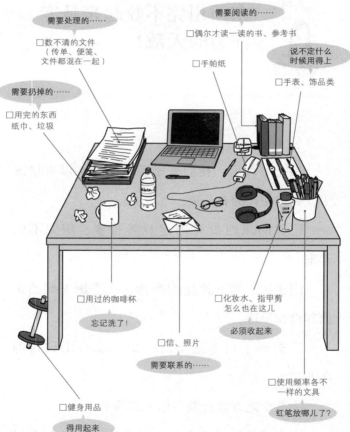

需要处理的……

□数不清的文件
（传单、便笺、
文件都混在一起）

需要阅读的……

□偶尔才读一读的书、参考书

□手帕纸

说不定什么
时候用得上

□手表、饰品类

需要扔掉的……

□用完的东西
纸巾、垃圾

□用过的咖啡杯

忘记洗了！

□化妆水、指甲剪
怎么也在这儿

必须收起来

□信、照片

需要联系的……

□健身用品

得用起来

□使用频率各不
一样的文具

红笔放哪儿了？

不去，或者导致拿不到其他的东西等）。

　　□拿取每天必用的东西需要两个以上的动作才能完成（打开门、拿出盒子等，诸如此类的动作每一个都要按照单个动作来计数）。

　　如果以上情况与你相符的超过三个，那么你就需要注意了。你的桌面或房间或许处于"看上去就很忙"的状态。

是否成为未完成任务的温床

　　正如此前说明过的，在视野里有太多杂乱的东西的状态下，人的专注力会降低，工作效率会明显下降。

　　Evidence

　　根据微软研究院的研究，多重任务会降低40%的专注力。[1]

　　你是否也有过这样的经历，当你集中精力做

---

　　① 《任务切换与中断的日常研究（A Diary Study of Task Switching and Interruptions）》，玛丽·捷文斯基（Mary Czerwinski）等，2004 年。

某项工作时，却被上司安排做其他的工作，结果注意力就这样被打断了。

有的人很擅长有条不紊地处理多项任务，首先确定它们的优先顺序，然后高效地逐一完成。就算在精力最集中的时候被突如其来的任务打断，也不必为优先顺序而烦恼。

请仔细观察第16页的插图。散乱地放满物品的桌子就是未完成任务的温床。

相比于在办公室工作时，人们在居家办公时更容易想起那些未完成的私事（家务活儿、爱好、人际交往）。不要让在工作中用不到的东西进入视线范围内。

如果你一天中要在某个地方度过很长时间，那里却不够整洁，那么你就得在效率低下的状态下工作。这种情况下，生产率当然会非常低。对照上面的确认事项，如果你的书桌或起居室的桌子等需要待很长时间的地方有很多相符的情况，那么请你尽快处理一下吧。

One More
advice

　　很多人苦恼于远程办公时很难切换 ON 或
OFF 状态。这些人在 OFF 状态时仍然在桌面
上摆着很多工作用具，工作和餐饮共用一桌的
人尤其需要注意。用餐时，桌面上是不是也能
看到工作文件或电脑？工作告一段落时请整理
一下桌面，给自己一个"下班"（OFF）的
暗示。

方法
05

桌面默认状态为 "归零"

作业用时 **10** 分钟

那么，理想的桌面应该是什么样的？

上面的照片就是一个反例。和第 16 页的插图
一样，当天要用的东西、用不到的东西、垃圾等等

全部混杂在一起，想找出需要用的东西时很费事，效率非常差。

总之，**"多种不同类型的东西在同一空间"就会导致生产率低下**。每次在多个东西中找出需要用的东西，都要使用眼睛和精力。每天就像重复做无数次《沃利在哪里》（一款游戏）一样。

上面的照片也是一个错误示例。和第 20 页的照片相比，这个桌子上没有了垃圾，基本都是与工作相关的物品，看上去似乎还不错。

但是，桌子本身不是放置东西的地方，而是工作的地方。

巨大的桌子姑且不论，一般而言放置的东西越多，桌面越狭窄。这种情况下，**不要在桌面上放书或者文具。**试着先让桌面"归零"。

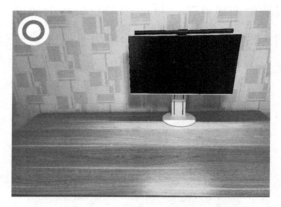

上面的桌子正如字面意义，物品数量为"零"。精力集中的理想环境就是桌子上的东西为零。

尽量不要把物品的固定放置位置确定在桌子上。

物品不同于数据，其上面无法准确地留下使用记录。因此，有时我们可能会忽略了多余东西的存在。

为了更容易、客观地判断物品"使用过/没有使用过"，在着手整理前要先拍照。然后对照着照片做出判断：这个垃圾要扔掉，那个用不到就处理掉吧……

One More
advice

　　如果家里没有办公桌，在餐桌上工作的话也要贯彻这一原则哦。餐桌上不要放置盐、酱油等小瓶子。在一堆没有收起来的文件中吃饭也不利于健康。在工作前把桌面"归零"，将专注力切换到"ON"状态。

方法
06

桌子附近每周库存周转率保持在 1 以上

作业用时 **5** 分钟

接下来，我们来处理桌子附近的空间。

桌子附近是指以桌子为中心，半径一米（约为一大步的距离）内的范围。在这个范围内拍到的东西里，有多少是"这周一次都没有用到过"的？

如果你的回答是多到数不过来……那么在这种状态下，**效率就太糟糕了！**

物流行业有一个常用的名词叫"库存周转率"，用来表示在某期间内库存商品周转了几次。我们可以尝试着把这个概念用在收纳整理上。

桌子周围放置的东西在一周内的使用频率，也就是库存周转率要保证在一次以上。

或许有的人会担心："所有的东西都要记录库存周转率吗，那也太麻烦了吧……"请放心，你只要牢记一个原则就可以：

在桌子附近只放置每周使用一次以上的东西。

以下图为例，桌面上没有任何东西，在桌子附近只放每周使用一次以上的东西（照片上蓝框范围内）。

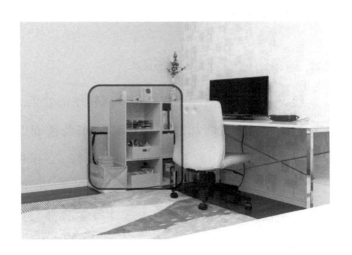

在前一节"桌面默认状态为'归零'"中我也提到过，要做到这一点，桌子附近必须有收纳柜（办公室的话请利用好办公桌下面的抽屉）。

像电脑周边机器、文件、文具等库存周转率在 1 以上的工作用具不要放在桌子上，而要放在收纳柜（抽屉）里，根据使用频率来确定它们的固定放置位置。

这样一来，在开始工作时，我们就能把必须用的东西拿到桌子上，工作结束后尽快把物品放回到固定放置位置。

障碍物越少，走得越快

接下来，我们看一下提高库存周转率的效果。

"用不到的东西却放在用得到的东西前面"，这就像在 50 米赛跑的途中竖了一根栏杆。2 根栏杆、3 根栏杆……栏杆越多，到达终点所需的时间越长，不仅如此，甚至于跑步这件事本身都会让人觉得麻烦。

在多个物品中找出某一个物品需要用到眼睛和精力。桌子附近如果杂乱地放着用不到的东西或者垃圾，只会拖累工作速度。

话又说回来，如果桌子附近一点物品都没有，反而会增加无用功的移动，也不利于提高效率。比如工作中擤了下鼻涕，如果垃圾箱没有放在附近，那么需要从椅子上站起来走到垃圾箱前把垃圾扔掉，这段时间就打断了工作。因此，使用频率较高的垃圾箱完全可以放在桌子附近。

男性的平均臂长为 73 厘米，女性是 67 厘米。只要把必要的东西放在一米（100 厘米）以内的范围，我们伸伸手或者稍微站起来就能用到，也就不必中断工作了。

频繁使用的东西放在半径 1 米的范围内。

通过这些设置，在桌子上工作就能变得惊人地愉快。

One More
advice

就像替换西装一样，给桌子附近的东西（比如收纳箱）也定期换换样子吧。已经完成的项目的文件、最近没有用到的小配件（小型的电子器械）等等有没有放在桌子附近就不管了？每月一次，利用月末的机会来检查一下有没有这个月一次都没有用到过的东西吧。

方法
07

适当放置一些东西也没关系

作业用时 **4** 分钟

对于那些不擅长收纳整理的人，**适当的杂乱无章更能让他们放松、效果更好**。

尽管与前面的话有些矛盾，但是"太过整洁干净反而令人不安"这种观点是有科学依据的。

Evidence

📖 据《居住空间的杂乱程度与压力的关系研究》（东京大学大学院新领域创成科学研究科，千岛大树、二瓶里美、镰田实，2018 年），适当的杂乱更能减轻压力。

这个实验场景设置在 6 张榻榻米大小的杂乱无

章的房间和整洁的房间，分别检测住在这两种房间里的健康的青年人的唾液淀粉酶的增加率，从而测定其压力程度。

房间的杂乱程度分为 5 个等级，实验对象在每个房间里停留 35 分钟。

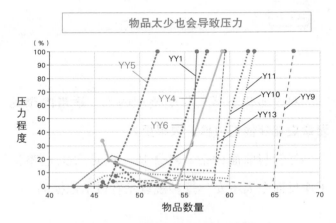

物品太少也会导致压力

我根据《居住空间的杂乱程度与压力的关系研究》制作而成

上图所示的是这个实验的结果。横轴表示"物品数量"（越往右越多），纵轴表示压力程度（越往上越焦躁不安）。

结果显示，从整体倾向来看，房间越杂乱无章，人们压力越大，但是**令人压力增加的物品数**

量存在个体差异。有的人很敏感，只要东西增多一点点就会感到压力倍增，而也有的人比较迟钝，即使房间里堆满了东西也感受不到压力。此外，还有一部分人（3 人＝图表中的蓝线）在物品太少的房间里反而压力增加了。

在入住商务酒店时，你是会觉得"清清爽爽，心情很好"，还是会觉得"无聊，静不下心来"？

这和成长的家庭环境、性格也有关系，但是相比于"东西减到最少的极简主义状态"，**有的人反而觉得"多少放点东西的状态"更舒服**。

在归零的基础上，添置一些植物或毛绒玩具

虽说如此，但是要维持"适当整理、适当散乱"的状态是非常困难的。比如原本打算适当地放些东西在外面，结果没有收起来的东西总让人想起"未完成的任务"，让人焦躁不安，最终反而阻碍了专注力。

对于觉得"太干净反而不安"的人，可以从

以下两个阶段入手：

①首先把所有"与工作无关的东西"清除出视线范围。

②增加一些装饰物。

首先，按照本书介绍的步骤，把工作用的桌面上清零。在完成整理后，增加一些植物或毛绒玩具来做加法。

One More
advice

在做创意工作时，在桌子上放一些与工作有关的物品有利于激发想象力。我在写东西时，也会在桌子上放一些与主题相关的图书或照片，或者摆一些美纹胶带或荧光笔来调节情绪。

理想的工作书桌的状态

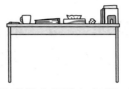

这种状态无论如何都NG

姑且先清零

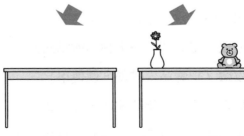

可以保持这种状态　静不下心/心里不安的
　　　　　　　　　话可以添置些装饰品

方法 08

"整理"与"收纳"要在短时间内勤勉地完成

阅读用时 **2** 分钟

　　当下决心收拾房间时，即使花费休息日来整理，也很难在一天之内全部做完。

　　整理和健身一样，相比于一口气做很长时间，不如每次做一点，然后勤勉地坚持下去。

　　首先，整理分为三大类作业：

　　·整理（定义拥有每个物品的意义）

　　·收纳（把物品安排得方便使用）

　　·整顿（用完的物品放回固定位置）

　　其次，针对每项工作，设定"时间原则"。

　　① "整理+收纳"，30 分钟一次（休息日等，

空闲时间充足的时候做）。

②"整顿"每天只花 5 分钟。

只要遵守这个规则就可以了。

一般认为，要收拾整个家，平均需要 20—30 分钟。即使用一天时间来收拾也很难全部做完，所以我们可以**每次用 30 分钟做一组"整理+收纳"，尽可能重复多做几次，但不要勉强**。

就像健身计划一样，首先完成一组，有余力的时候增加到两组、三组。重复几次后，当你能记住物品的固定放置位置时，就完成了"整理+收纳"。

越是不擅长收纳的人，越容易跳过"整理+收纳"阶段，直接做把东西一股脑儿收起来的"整顿"作业。如果物品的放置位置不固定，即使反复整顿，每次拿出来之后都放不回原处，房间还是很快就会恢复到原来的样子。

这是在浪费时间。虽然有点困难，但是请你首先利用休息日等时间，踏踏实实地做好"整理+

收纳整理和健身很像

想要健美的身体

健康饮食

健康饮食

摆pose
只做这一项是没有用的!

坚持锻炼

只做这一项
毫无意义!

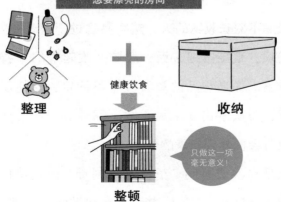

想要漂亮的房间

整理

健康饮食

收纳

整顿

只做这一项
毫无意义!

收纳"，然后不急不躁地勤勉地坚持下去！

在完成"整理+收纳"后，就能每天在 5 分钟内毫不费力地很好地完成"整顿"作业了。

"整理+收纳"的具体操作方法从第 41 页开始讲解，"整顿"则在下一节中详细说明。

One More
advice

即使没有什么技巧，每个人也都能完成收纳和整顿。但是，如果不按照整理→收纳→整顿的顺序来做，就会导致故态复萌，因此请务必注意。

方法
09

整顿控制在每天5分钟以内!

作业用时 **5** 分钟

你是否有过这样的经历，本来只是在收拾桌子上的垃圾，但看到乱糟糟的书架和文具盒也忍不住收拾起来，结果花了好几个小时来收拾房间。

如果采用这种花数小时一口气收拾房间的方法，对于收拾房间的心理障碍会越来越严重，无法养成定期收拾的习惯。

工作繁忙的人要遵守一项原则：**平时收拾房间不能超过5分钟**。不做"整理+收纳"，最多做些"整顿"，只专注于把使用过的物品放归原处。

相应地，在休息日的时候，重复做"整理+收纳",每组 30 分钟。无论多么忙的人,只要用心,总能留出 30 分钟的时间,比如洗衣机工作期间或者等快递的时候。

Evidence

这时候需要注意一点,不能贪心地长时间做。据说,**人每天能够做出判断的次数是有限的。**这方面有一则著名的趣闻,据说史蒂夫·乔布斯、美国前总统奥巴马为了集中精力于实质性的决断,对穿的衣服的种类都进行限制。

在收拾房间的过程中,"整理"是需要思考力、判断力的。找我做过收纳整理咨询的客户无一例外在集中精力做了两个小时后,就累得不行了。

如果健身一整天,只会导致严重的肌肉疼痛,并不会有多么好的效果。为了避免因为脑疲劳而影响第二天的行动,做整顿时保证休息日每天最多做 4 组、一组 30 分钟,工作日每天在 5 分钟内完成,不要勉强自己。

　　一开始，"整理＋收纳"或许会多花些时间，但慢慢就会高效起来。定个闹钟或秒表，然后开始收拾房间吧。

[整理的基础③]

方法
10

重复操作：取出→分类 →决定→放回

我们在前言中提到过，做"整理+收纳"时的一个忠告。

收拾房间时，不要对收拾前后的对比效果期待太高。

电视上的扫除企划类节目会给人一种房间瞬间变整洁的错觉，但是普通人是做不到那样的。收拾房间最基础的是要认真平稳地重复整理每一个物品。当你回过神来再看时，就会发现房间已经变成了有利于集中精力工作或学习的样子。不要追求房间在一天之内发生巨变。

不论收拾什么地方的物品，都要遵循以下基础流程：

①把物品全部拿出来。

②按照使用频率分类。

③确定物品的固定放置位置。

④使用后及时放回。

（一组30分钟）

整理房间的基本流程

①把物品全部拿出来

②按照使用频率分类

④使用后及时放回

③确定物品的固定放置位置

只要能做到这几点，无论什么样的房间都能整理好。相反，如果省略掉①"把物品全部拿出来"这一步骤，房间即使整理得看上去漂亮了，几天之后又会恢复原状。

如果想找到以上基础流程的感觉，请用钱包来做练习吧。

钱包的整理流程：

①把钱包里的东西**全部拿出来**放在桌子上。

②把信用卡、积分卡等**按照使用频率来分类**。

③仔细思考每个物品放在哪里最合适，**确定其固定放置位置**（越是经常使用的物品，越应当放在钱包里方便拿取的地方。基本用不到的东西放在钱包以外的地方来保管）。

④购物等情况下刷过卡后，要将信用卡**放回**钱包里的**固定放置位置**。

首先选个休息日，按照第 42 页图所示的顺序来收拾一下工作用的桌子吧。然后在下一周的休息日收拾洗漱台，再下一周的休息日收拾厨房，以此类推，按顺序逐一整理频繁使用的场所。

我已经强调过很多次了，短时间集中整理只会让表面上显得整洁好看，用不了几天就故态复萌。请务必尝试下我介绍的这种拙朴的方法，每次 30 分钟，每个周末坚持做。只要两个月左右，就能打造一个终生井井有条的房间。

One More
advice

一边像念经那样口中念叨着"拿出来、分类、确定位置、放回去"一边行动，有利于迅速掌握诀窍。虽然有点傻气，但值得一试。

[整理三步骤]

方法
11

像整理数据那样收拾房间

阅读用时 **4** 分钟

在第 1 章的最后，我们再来确认一下本书的目标。

本书的目标只有一个——**提高居家做事的专注力，**设计一间有利于集中精力完成工作或学习目标的房间。

其实，打造一个有利于提高专注力的房间是有诀窍的。

像整理数据那样来整理你的房间即可。

Evidence

以丰田生产方式"5S"（整理、整顿、清扫、清洁、素养）为典型代表，职场的整理整顿程度不同，其组织的生产效率也不同。

想必各位在职场中也一样，公司要么制定了整理电脑上的数据或文件柜里的文件的规定，要么雇请工作人员来进行整理。

大家都很忙碌，却还需经常整理办公室。什么地方放着什么东西，一目了然，这种状态才是"生产效率高的职场"。

个人房间也基本一样。本书的整理方法就是**像整理电脑上的数据一样来整理房间。**

关键词有 3 个：

①存档（临时保存），②简洁（减法思维），③分享（共享）。

接下来，我们来逐个解析。

【步骤1】存档后，整理就简单愉快得多

首先，存档是主要用于整理文件或电子数据时的用语，是指**把当下用不到但又不想删除的数**

据转移到专用的保存区域进行保管。

比如，我们在整理谷歌邮箱的收件箱时，不是删除信件本身，而是把重要程度、紧急程度较低的邮件进行存档（临时保存）。在平时使用的文件夹中看不到这些邮件，但在需要它们的时候打开"全部邮件"，就可以再次看到。我们按照同样的做法来整理房间即可。

在收拾房间时，许多人总是同时进行"分类"与"舍弃"，并且总想一次性完成两种作业，导致收纳整理这项工作给自己造成很大的负担，使自己受挫。

因此，和整理数据一样，我们要**"首先把东西按照时间系统来临时存档""再找合适的时机进行舍弃"**。只要这样分两个阶段来做，就能够毫无压力地快速完成整理。

即使事后后悔某件 T 恤不该丢，由于进行了临时保存，那么把它放回衣橱就可以了。不必当场纠结到底丢还是不丢，精神上也会轻松很多。

我将在第 2 章中详细说明。

【步骤 2】 用减法思维打造简洁的房间

接下来是简洁。要想实现这一步，离不开减法思维。

收拾房间时，用减法思维把碍事的东西都清除出视线范围，就能很快完成整理，效率惊人。

只要房间里的东西少了，不花太多心思也能保持房间整洁漂亮，还能防止故态复萌。

在整理完房间后，再去关注内装。房间还没有收拾好，却先买了收纳用具，这是不对的做法。基本原则是 SIMPLE IS BEST。平日里越忙碌的人，越要以打造简洁的房间为目标，以保证即使在无法思考的状态下也能拿取或收纳物品。

详见第 3 章。

【步骤 3】 把舍不得丢的物品分享出去

最后是分享。

要想高效利用有限的空间，最重要的是提高放置的物品的使用率。

在日本，城市里的房间空间年年缩小。即使放眼全球，我们居住的房间也是很狭窄的，不可能放得下所有东西。大多数人即使只放置当月需要用的东西，也会占用一半以上的房间容积。

我们可以把无论如何都想保留的包或电器产品寄放到临时物品存放处，把没有必要保留原件的书或资料进行数据化。能够再利用的物品就捐赠给公司或社会，朋友或同事用得上的就转让给他们，名牌商品拿去卖掉。

处理物品时不仅有"扔掉/保留在房间里"这两个选项，还有很多处理方式。

有些物品当月用不到但又不想扔掉，那就分享出去吧。

我将在第 4 章中详细讲解。

正如我在本书的开头部分所讲，收拾房间不是精神论。另外，每天本来已经那么忙碌了，要是把时间都用在收拾房间上，就太不明智了。世上没有"不擅长收拾房间的性格"的人，只要像一般性商务业务那样按照指南切实执行，每个人都能在短时间内取得成效。

把"存档""简洁""分享"这三个关键词放在心上，就能迅速收拾好房间。

我将从下一章开始详细讲解践行这 3 个步骤的关键诀窍。

One More advice

相比于那些内装杂志，办公室更能为收拾房间提供参考。如果你上班的地方或客户那里有那种整理得非常好的办公环境，请一定仔细观察一下。整洁的职场应当是彻底贯彻了"存档、简洁、分享"这三点的。除了办公室，像物流中心、零售店等，所有职场都能成为整理的范本。

第2章

越常用的东西越放在
离自己近的位置

——按照使用频率来分类的整理+收纳法

你是否认为，临时保存的物品应该分门别类来整理？

其实不然，要按照时间系统来分类，这样物品不容易乱，还能防止房间故态复萌。

本章将介绍一种按照"日、周、月、年"4 个"文件夹"来整理的方法。

[物品的分类]

方法
12

"整理" 不是舍弃，而是分类

作业用时 **10** 分钟

　　降低整理物品的门槛的关键在于，首先**要进行"存档（临时保存）"**。

　　换言之，**像整理数据那样来整理物品**。

　　在整理物品时，许多人会一手拿着垃圾袋，瞬间判断出某样东西是"留"还是"丢"。物品一旦被丢掉后手边就再也没有了，所以在扔掉东西时会非常用心，但是这种判断非常耗费精神。

　　另一方面，在多数情况下，对于数据其实不需要瞬间做出"保留"或者"丢弃"的判断。当下用不到的数据不必丢掉，临时保存即可。只要数据容量足够用，它们就可以一直沉眠于文件夹里。在必要的时候，从文件夹里找出来即可。

也就是说，掌握了临时保存数据的方法，东西就可以分类放进文件夹里临时保存，而不必丢掉。只要确定了分类时的规则，就不必再逐一判断物品到底是保留还是丢掉，因此无论是精神上还是体力上，都减轻了很多负担。

把物品分到 4 个文件夹里

快点给家里的物品分类吧。

对物品进行分类的关键在于围绕"使用频率"建立"文件夹"。只要有按照使用频率建立的"文件夹"，分类就简单多了，整理也能顺利进行。

我推荐以下 4 个"文件夹"：

①每日文件夹（当日使用过的物品）。

②每周文件夹（一周以内使用过的物品）。

③每月文件夹（一个月内使用过的物品）。

④每年文件夹（一年内使用过的物品）。

然后，按照使用频率来对物品进行分类。

正如我此前讲过的，整理的基础是**"把物品全部拿出来"**。

在公司里整理文件时也是一样的，只有了解文件内容，才能对其进行整理汇编。整理自己家时也一样，为了掌握桌子上与办公相关的全部物品，首先要把它们全部集中到一个地方。

请把散落在家里各处的工作所必需的物品，包括文件、小配件、文具、书等，全部放进一个纸壳箱（或者纸袋）里。

接下来，把每件物品按照日、周、月、年分装进 4 个时间系统文件夹。

分类的标准是"最后一次使用的时间"。"当天使用过的物品"放进①每日文件夹，"本周使用过的物品"放进②每周文件夹。

总之，先不用管到底要不要丢掉的问题。按照物品的最后一次使用情况，不掺杂主观情绪，冷静地对物品进行分类。

如果有的物品放在这 4 个文件夹里都不合适（一年以上没有用到过），请统一放进"保留＝迷

茫中文件夹" 箱子里。 比如玩偶、相框等物品，从"使用"的角度来看，4 个文件夹都不适用，那就暂且收到"迷茫中文件夹"里。关于"迷茫中文件夹"的整理法请参照第 85 页。

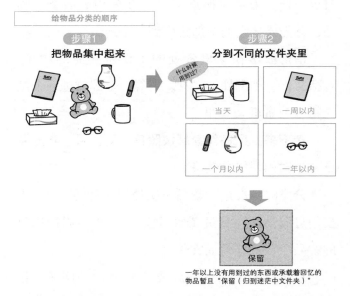

给物品分类的顺序

步骤1
把物品集中起来

什么时候用到过？

步骤2
分到不同的文件夹里

当天	一周以内
一个月以内	一年以内

保留

一年以上没有用到过的东西或承载着回忆的物品暂且"保留（归到迷茫中文件夹）"

　　把物品归类完后，接下来要确定物品的固定放置位置。

　　基本上，按照优先顺序从高到低，**按照日文件夹→周文件夹→月文件夹→年文件夹→迷茫中**

文件夹这一顺序来确定物品在家里的固定放置位置。

我将从下一节开始逐一进行分析。

One More
advice

　　另外，像一直没有空阅读的参考书等，"虽然想用但实际上没有用到的物品"也收进"迷茫中文件夹"中。不要按照未来的"想要使用"来下判断，而要实事求是地按照最后一次的使用情况来做判断。

方法
13

"每日使用物品" 的收纳方法

阅读用时 **4** 分钟

你的通勤包、遥控器、眼镜等物品固定放在房间的哪里？

桌子上、沙发上，是不是不知不觉间放了不少东西？这样是**非常低效**的。

请把每天要用的物品放在最容易拿取的固定位置。

很多人习惯了把每天使用的笔、手账等随手放在桌子上，用完后也不放回原处。但是，每天使用的物品是否放归原处，房间的整体印象是会有很大的不同的。如果用完不收起来的物品非常多，房间就会看起来杂乱无章。

我并不是主张"每天把用完的东西都收拾好，养成一板一眼的性格"，而是认为，如果不想多浪费工夫，比起物品用完不收起来的做法，在合适的地方确定一个固定放置位置的做法显然更好。

每天使用的物品要收纳到离使用场所最近的位置。

书桌上每天都用得到的物品要放在桌子附近（半径 1 米以内）。

在确定收纳位置时，要有便利区（Handy Zone）的意识（参照第 60 页图）。

在坐在书桌前的状态下，横向展开手臂所能够到的位置即是放置每日使用物品的最佳位置。在便利区只放置每日使用的物品，这样一来收取物品都会非常方便。

在此，我想介绍下我家书桌旁边的收纳柜的配置。

坐在书桌前时，第一层是便利区域，因此

每日和每周使用的物品的收纳示例（以收纳柜为例）

便利区域（Handy Zone）

每日使用的物品放在
伸手就能够到
（半径1米以内）的地方

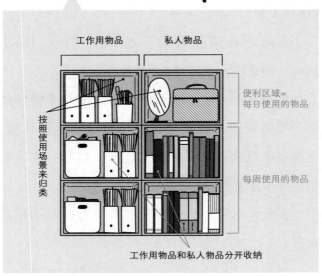

工作用物品　　私人物品

便利区域=
每日使用的物品

每周使用的物品

按照使用场景来归类

工作用物品和私人物品分开收纳

- **第1层＝每日使用的物品**
- **第2、3层＝每周使用的物品**

我不仅在书桌上工作、学习，有时也在书桌前化妆、护肤，因此每日使用的镜子和化妆用品收纳在第1层。

统统放回大点的篮子或盒子里

在收纳每日使用的物品时，有几个关键点要注意。

其一，**竖着收纳在方便拿出或放回的档案盒等收纳用具里**。体积较大的文件要放进透明文件夹里，竖着放在右图那样的文件盒里。

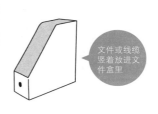

文件或线缆竖着放进文件盒里

笔记本电脑或线缆也放进文件盒里，这样就能收纳得清清爽爽了。

另一个要点是，**按照使用场景来分类**。

请观察下你的文具盒。每日使用的笔是不是

和很少用到的订书钉放在同一个地方？按照这种收纳，拿取所需物品会很费事。

收纳的群组不是按照文件、文具等种类来划分，而是优先按照"使用场景和使用频率"来决定，比如每日使用的物品与本周使用的物品、学习用品与休闲时使用的物品等。

举个例子，我不仅会把每日使用的笔放在书桌附近（未开封的备用笔放在厨房的"储备品放置处"），还放在玄关（用于收取行李）或冰箱（写食品标签用）附近。

如果只在书桌边放笔，收快递等情况下就需要一次次去书桌上拿。以使用场景为前提来放置物品，就能节省时间和避免无用功。

即使确定了每日使用的物品的固定放置位置，如果不能及时放回原处，那么固定位置的设定则很可能产生反效果。

对于容易马虎的人，大可以减少便利区里放置的物品的数量，改用大点的篮子或盒子等容易收取物品的设计。物品用完后放在地板上或者丢进篮子里，从作业量上来看基本没有差别。

One More
advice

喜欢买带有很多抽屉的收纳用具的人士需要注意了。抽屉或文件夹等需要多个动作才能把物品放回去的收纳，容易导致厌烦情绪，反而影响把物品收回去。如果你有东西用完不收起来的习惯，就请采用简单的收纳方法吧，比如像幼儿园那样，只需要把物品扔到玩具放置处即可。

方法

14

"每周使用的物品"的收纳方法

阅读用时 **4** 分钟

　　在确定了每日使用的物品的固定放置位置后，接下来就是整理每周使用的物品。

　　和每日使用的物品一样，每周使用的物品也要放在使用场所的附近（参照第 66 页的示意图），不过要注意，不要把它们和每日使用的物品混淆了。

　　假设你在零售店工作，如果把一周用不到一次的礼品卡混到每天都要拿给顾客的积分卡的放置处，那么每次拿取时都要花精力加以区分，这样很不方便吧。

就算是相同的化妆品，每日使用的和只有周末使用的也不应该混在一起。

此外，工作中用得到的参考书和休息日时阅读的小说、平时穿的衣服和休息日穿的衣服等等，这些都应区分开，**不要忘了按照使用场景来给它们分类。和"每日使用的物品"一样，不是按照种类加以区分，而是按照使用频率、使用场景来区分。**

然后，同属一组的物品放在同一个地方。比如我有边泡澡边看书的习惯，因此会在浴室的篮子里放 1—2 本书。

不用勉强自己一开始就要把物品分好类，可以先尝试着做一周。做法是先把归为"每周文件夹"的物品都放到纸袋里，再从使用过的物品开始整理，逐一放回收纳柜里。

一周后，你把物品放回了哪里，哪里就是最合适的固定放置位置。至于一周内都用不到一次的物品，则归到"每月文件夹"或"每年文件夹"

里。实际上，有很多东西你以为每周都会用到，但其实一个月也只用到一次，因此通过这个实验，可以严格地确认物品的使用频率。

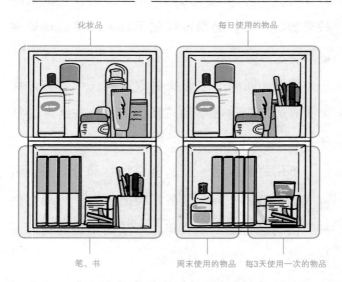

每日和每周使用的物品的收纳示例（以洗漱台的柜子为例）

× **按照种类来分类** ○ **按照使用频率、使用场景来分类**

化妆品　　　　　　　　每日使用的物品

笔、书　　　　周末使用的物品　每3天使用一次的物品

每天使用的物品和每周使用1—2次的物品混着放，不方便。容易乱。

一眼就可以看见经常使用的物品！不容易乱。

📁 在收纳处留出空白

在收纳（确定固定放置位置）时，希望大家注意一件事——留白。大体上，**如果收纳空间为10，每日使用的物品占整体的 7 成，再加上每周使用的物品总共不超过整体的 8 成，剩余空间要留出来。**

如果一开始就塞满整个收纳空间，就没有把手伸进去的空间了，拿取或放回物品时只能先把一部分物品拿出来。人手的厚度约为 3 厘米。如果不留出最低限度的空间，拿取或放回物品就会变得非常麻烦，久而久之将导致物品用完不收回去，所以一定会故态复萌。此外，为了在添置新东西或收到别人送的东西时有收纳空间，也需要留出一些闲置空间。

书桌附近单是放置每日使用的物品、每周使用的物品，基本上都会被塞满。

对于认真筛检过物品，但眼下仍然有物品无

处可放或者空间不够的情况，原因可能是书桌附近的收纳容量不够。

　　首先要仔细检查下自己家里已有的收纳用品有没有挪作他用，比如书架或塑料箱等。如果书架上放满了东西，那么就把阅览频率较低的书或漫画先转放到纸壳箱里，这样就空出了空间。

One More
advice

　　如果家里一件收纳用品都没有，那就买一个收纳柜吧。在这一阶段，我并不推荐购买大型的书架或昂贵的文件柜。选择轻巧便宜的样式，以便在整理完后能够结合内装再研究购买大的或贵的。我家里使用的是右图所示的 1000 日元的收纳柜。在书桌附近用不上的话，也能用作橱柜的隔断，非常方便。

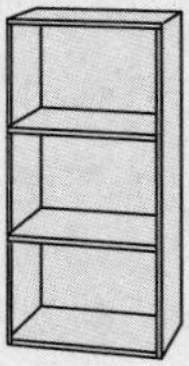

[每月文件夹的规则]

方法
15

"每月使用的物品" 的收纳方法

阅读用时 **4** 分钟

　　在确定了每日使用的物品、每周使用的物品的固定放置位置后，接下来需要确定每月使用的物品的固定放置位置。

　　在确定每日使用的物品、每周使用的物品的固定位置时，需要注意它们的实际使用场所，不过**在确定每月使用的物品的固定位置时可以不拘泥于实际使用场所**。

　　在职场中也是，每周都会用到的文件放在办公桌附近，相对阅览频率没有那么高的文件一般放在公用的文件柜里。至于一年才阅览一次的文件，可以收藏在其他楼层的书库或者外面的仓库里。

每月只用到一次的物品没有必要放在手边，完全可以灵活利用房间里的闲置空间。

顺便说一下，我家的平面图如第71页图所示。

我一般把因在书桌上工作而每日、每周需要用的物品放在书桌附近，把每周使用几次的瑜伽垫、运动用品收纳在房间的墙角。几乎每日都要用到的洗漱用品则放在房间的角落里，衣服收进五斗柜里。

衣橱可以很好地起到收纳"每月文件夹"和后面会讲到的"每年文件夹"里的东西的作用。**衣橱与其说是收纳衣服的空间，不如说是发挥了"每月文件夹仓库"的功能。**

如果衣橱的体积比较小，可以用玄关、鞋柜、厨房上方的橱柜、阳台收纳等来代替。只要温度、湿度方面没有问题，家里任何地方都能安全放置收纳书或西装等物品的"箱子"。

> 每月使用的物品收纳在房间里的空闲区域（以我家为例）

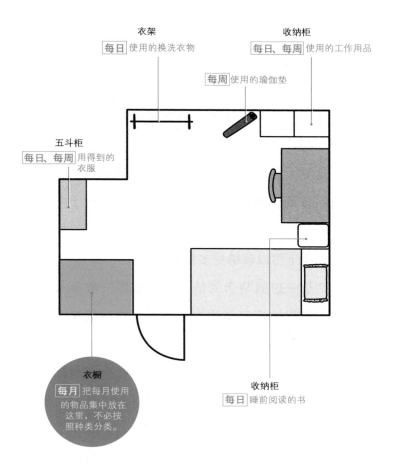

衣架
| **每日** | 使用的换洗衣物

收纳柜
| **每日、每周** | 使用的工作用品

每周 使用的瑜伽垫

五斗柜
| **每日、每周** | 用得到的衣服

衣橱
每月 把每月使用的物品集中放在这里，不必按照种类分类。

收纳柜
| **每日** | 睡前阅读的书

像服装店那样灵活利用箱子

整理每日、每周使用的物品时，拿取和放回物品的便利性很重要，其中两点非常关键：**立式收纳，收纳时留有余地。**

相比之下，每月文件夹则更重视如何在相同体积下高效地塞下更多东西。

这时，"箱子"就派上用场了。**在衣橱、壁橱的收纳方面，箱子总是非常好用的。**相比于把物品原样放置，借助箱子可以把整理效率提升数倍，相同体积下可以收纳更多物品。

请想一想服装店的情形。服装店一般都是把暂时不销售的库存品放在箱子里，然后把箱子放在店铺的库房里，当天销售的商品则从箱子里拿出来展示，以便顾客选购。如果把库存商品都从箱子里拿出来平铺放置，既占用空间，又容易落灰尘。

因此，我们可以把旅行用品、日用品的存货

每月仅用几次的物品放进衣橱里

把每周使用的物品收进衣橱，可使空间变宽裕

每月使用数次的衣服和包

无纺布

西服等布料物品

纸壳箱等箱子

书和文件

文具、日用品的存货

偶尔用一下的文件

充分利用箱子，收纳时就不会出现浪费

等，按照使用场景分别装进不同的箱子，再把箱子堆进橱柜里。如第 73 页图所示，我家里塞满了箱子。

把布料物品放进无纺布的箱子里，纸质物品放进纸壳箱里。

把物品装进箱子里的诀窍

把东西装进箱子里也有几个诀窍。

·在箱子上标记清楚里面的物品

就像此前讲过的，不必拘泥于物品种类，要根据使用场景来把物品分别装进不同的箱子。然后在箱子上贴个标签，上面写清楚这些物品的使用场景，比如"偶尔阅读的书、文件""文具或日用品的备用品""户外用品"等。

此外，还要记清楚保管期限，这样就不用担心忘记拿出来了。相信大家的公司也是这样的吧，长期保管的文件一般都有专用的箱子。通常会在箱子侧面上写清楚所属部门、文件内容、保管期限等。

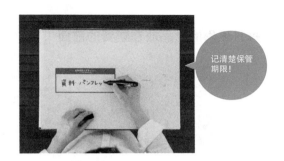

·箱子里的物品用带拉链的透明塑料袋分装

只要把箱子里的物品用带拉链的透明塑料袋分装收纳，即使重复拿取或放回物品，也不会把箱子里弄得乱七八糟了。我推荐选用百元店的收纳袋，一个只要 5 日元左右。

·箱子里面的东西通过照片来管理

使用箱子收纳的一个难点在于人们很容易忘记箱子里放了些什么，于是经常会发生这样的事：只靠标签很难想起箱子里到底放了哪些东西，一次次开箱找东西的过程中，不知不觉房间就凌乱了起来……所以，在装完箱子后，记得拍张照片保存到电脑或者手机里，以便日后回想、查找物品。

·每月使用的物品放在壁橱的前面

拍照

这些物品放在衣橱的便利区域里。顶柜、下方橱柜靠里面的位置，由于不方便拿取物品，可以放置"每年文件夹"箱子，中间和下方橱柜的前面位置可以放置保存每月使用物品的箱子。

如果到了这一步，你发现房间里还有东西放不下，那么就要重新认真审视下自己了：这个月真的用到过某东西吗？

One More
advice

　　实际上，很多物品你以为每个月都会用到，但其实一年中只会用到几次而已。此外，像泳衣、滑雪用品等季节性用品，它们在下一个季节到来之前根本用不到，所以不要把它们收进"每月文件夹"里，应该分类放进"每年文件夹"里。基本上，每个家庭的空间都能收纳得下每月文件夹里的物品。

方法
16

"每年使用的物品"的收纳方法

阅读用时 **4** 分钟

　　最后是"一年使用数次的物品"的收纳。可以收纳进"每年文件夹"里的物品种类繁多，因此可以从"什么时候使用"的角度进一步分成三类。

　　①使用时期固定的物品（非应季的衣服或棉被、节日用品等）。

　　②突发情况下使用的物品（露营、运动用品或客用物品）。

　　③有感情的"想要拿在手里欣赏"的物品（承载着回忆的物品、收藏品）→放进回忆文件夹

（参见第 84 页）。

这些物品和"每月文件夹"一样，基本收纳法就是**"装进箱子里，收进壁橱（衣橱）里"。**

以"什么时候使用"为核心，先把它们分类，再放进同一个箱子里，这样在实际用到时，就能清楚地知道需要打开哪个箱子了，能够有效地避免四处乱找。这时候也要记得拍照片。一年仅用到数次的物品如果不拍照记下来，很快就会被遗忘，变成没用的压箱底的东西。

以出差或旅行时才会用到的物品为例，可以把它们放进带拉链的透明塑料袋里，然后收纳进旅行包里。眼罩、化妆品样品、化妆包类、备用插头等物品也装进带拉链的透明塑料袋里，一起收纳进旅行包里，这样可以节省很多准备时间。季节性衣服或客用被褥等布制品，要压缩收纳、避免起皱（不要忘了放除虫剂）。

收纳的诀窍是**选择放在比每月文件夹更不方便拿取或放回的地方。**以壁橱为例，顶柜和下方橱柜靠里面的位置是最合适的。除了壁橱、衣橱，家中所有"不方便收取的地方"都适合收纳每年仅使用数次的物品，比如玄关、阳台、阁楼等。

一年仅用几次的物品放在衣橱的深处

运动用品、旅行用品等

参加聚会时穿的衣服

节日活动用品等收纳在里面

　　伸手就能够到的地方称为便利区域（Handy Zone），伸手够不到的地方称为"后院"（Backyard），**家中的"后院"正适合用于保存每年文件夹**。由于是使用频率很低的物品，只要注意湿度和温度，可以把它们放在家里的任何地方。

One More
advice

　　我以前遇到过一位委托人，他家的洗漱台柜子的第一层放满了家电的使用说明书。整理完那些没用的文件，就多出来一层收纳空间。把家里的没有有效利用的空间变成后院，最大限度地利用起来吧。

方法

17

对于用不到但舍不得丢弃的物品的处理方法

阅读用时 **4** 分钟

　　虽然收纳整理是按照使用频率、使用场景把物品安排到合适的地方，但每个人对物品的感情，以及每个人的房间大小等都不尽相同。

　　在"每月使用的物品"这一步，每个人的家里应该都能收纳得下。不过，一些使用频率低的物品、用不到但主人很喜欢的物品则根据每个人的兴趣和价值观而具有不同的分量。

　　比如，喜欢露营和时尚的人士的衣橱很容易就会被塞满，也有的人不得不在自己家里放一些工作相关的物品、书或文件等资料。

　　每个人家里的壁橱、衣橱的大小也不尽相同。据说，每个人平均拥有 1500 件物品，以纸壳箱为单位的话可以装满 20—30 个箱子。你家里的空间是否容纳得下这么多东西呢？

　　住在非大城市的人士，或者在城市里也拥有专用的储藏室或住在带有收纳库的住宅里的人士，一般都拥有丰富的收纳空间，所有物品都可以顺利收纳在家里，包括"每年文件夹"的物品在内。但是，对于居住在普通城市住宅里的人们来说，在收纳"每年文件夹"物品时，经常收纳到一半就发现家里没有空间了。

数年才拿到手里一次的物品就处理掉吧

　　当发现房间里放不下所有物品时，首先要做的是再次仔细检查每年文件夹。

　　不符合每年文件夹的物品，也就是"一年用不到一次"的物品其实已经成为没有用的压箱底的东西了。

　　如果是用不到但很喜欢的物品，一年里有一

次拿出来好好欣赏也是好的。但一年以上都没有用到过或拿出来过的物品或许真的就是没有用的物品了。

从使用频率来看，数年都用不到一次，且不会怜爱地拿出来看看，而又舍不得丢弃的物品不要归类到每年文件夹里，而要归到"处理文件夹"里。

这类东西不必立刻丢掉。除了丢弃，还有很多处理方式，比如转卖、转让、赠予、借出等，让除自己以外的人使用（详见第4章）。

就算这样还下不了决心如何处理的物品，归进"迷茫中文件夹"，暂且避过去，留待日后再做决定。

■ 喜爱的物品归到"回忆文件夹"

不同于使用频率，"喜爱"是一个主观标准。不过，如果把很难丢掉的物品，比如经过努力才买到的奢侈品、亲戚送的物品等，全部归类为喜爱的物品也是不对的。为了有效利用有限的空间，把喜爱且想继续保留的物品归类为"回忆文件夹",把没有感情但就是舍不得丢弃的物品归类为"迷茫中文件夹"。

■ "迷茫中文件夹" 不要留在视线范围内

必须注意一种情况,那就是"迷茫中文件夹"太多,而且出现在重要的"用得着的物品"的前面。有很多人在收拾房间时,没有把犹豫如何处置的物品分完类就放在每周使用物品的前面或者每天必经的地板上面不管了。这样会增加每天"避开迷茫"的压力。

迷茫中文件夹要放到箱子里,使其在视线里消失,然后在手机的日历上记录下开封日期并设定闹钟,定期查看。迷茫中文件夹里半年内一次都没有拿出来过的物品就是对自己而言没有用的非必要品。不要嫌麻烦,处理掉它们来避免房间恢复老样子吧。

我们来总结下"整理+收纳"。首先,整理物品时按照以下流程来分类。

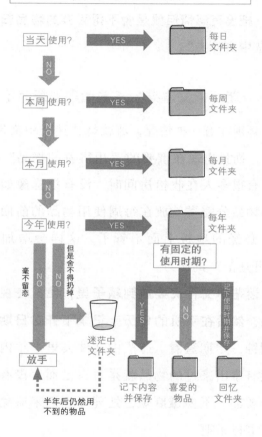

把物品划分文件夹的流程

当天使用？ —— YES ——> 每日文件夹

NO

本周使用？ —— YES ——> 每周文件夹

NO

本月使用？ —— YES ——> 每月文件夹

NO

今年使用？ —— YES ——> 每年文件夹

有固定的使用时期？

毫不留态　NO　NO　但是舍不得扔掉

迷茫中文件夹

放手

YES　NO　记下使用时期并保存

半年后仍然用不到的物品

记下内容并保存　　喜爱的物品　　回忆文件夹

　　然后在收纳时，把各时间系统下的物品放置在以下场所，这样效率更高。

　　①每日文件夹放在从桌子上伸手可以够到的范围内（收纳柜的上层）。

　　②每周文件夹放在桌子附近（收纳柜的中、下层）。

　　③每月文件夹放在壁橱或衣橱的便利区域。

　　④每年文件夹放在家里(外面)的"后院"里。

　　★尽可能减少迷茫中文件夹里的物品数量，并放在看不到的地方。

收纳文件夹的处置示例（整体示意图）

④每年文件夹

③每月文件夹

外部的储藏地点

①每日文件夹

②每周文件夹

如果能掌握本章所讲的"文件夹分类法",收拾房间就已经完成了九成（辛苦啦!）。

今后要做的就是定期更换文件夹中的东西，或者重新确认物品的固定放置位置，从而使房间保持井井有条的状态。反之，如果在这一阶段向某个文件夹分类妥协，那里将会变成"房间的癌变部位"，几周内就会故态复萌。

文件夹分类才是收拾房间的精髓。做不好的地方重复做几遍就好了。不要心急，我们一起加油!

One More
advice

如果你觉得有些物品扔掉很可惜但不舍得处理掉，请务必让周围的人看一看。如果他们的反应显示他们并不想要那些物品，或许你应该改变一下自己的态度。名牌商品可以先在煤炉（MERCARI，日本线上自由市场）等网站上查看下售卖价格。

专栏

自由切换居家办公与在办公室工作

在采用远程办公（居家办公）的公司或机构里，一般能听到这样的疑问："**远程办公真的能提高生产效率吗?**"

2009 年，美国 IBM 公司中约 40% 的员工选择远程办公，但 IBM 在 2017 年废止了远程办公模式。雅虎、百思买等公司也曾一度引进远程办公，但最后都废止了。

日本在 2017 年以后，由政府、东京都以及经济界联合推出"全民远程办公日"活动。另外，2020 年 3 月后，为了应对新冠疫情，大力推进居家办公模式，不过从日本全国来看这些都是暂时性的举措。

在我周围，人们的看法也不尽一致，有的人欣喜于能够集中精力做自己的事，也有的人抱怨和同事之间的沟通变麻烦了。

我认为**可以通过自由选择远程办公还是去办公室工作来大大提高组织的生产效率**，因为有些业务适合居家办理，有些则适合在办公室里处理。

Evidence

有项实验能够证明远程办公的效果。庆应义塾大学理工学部在一项名为《按照作业者的精力集中程度来提供居家办公环境的虚拟办公系统Valentine》的研究中，进行了在虚拟办公系统上再现办公环境的实验。他们创造了一个线上环境，在这个虚拟环境里，员工虽然身在办公室之外却能像在现实中的办公室一样与其他同事共同办公。虽然这项研究发表于1998年，但对于办公室工作与居家办公之间的关系而言，依然可以作为参考。

这项研究把我们平时在工作中的沟通分为以下三类：

①个人工作

②非正式沟通
③正式沟通

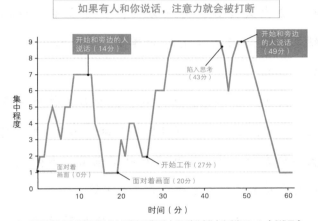

我根据《按照作业者的精力集中程度来提供居家办公环境的虚拟办公系统Valentine》制作而成

　　"①个人工作"如字面意思，是指不与任何人
交流，一个人集中精力来完成的工作，比如制作
资料或者处理会计事务等。"③正式沟通"即会议
等，指在约定的时间按照约定的议题来洽谈的工
作。在①与③之间的工作沟通则被归为"②非正
式沟通"，比如突然问个问题、察看其他同事的脸

色、聊些轻松的话题、看些短视频等。

相比于在办公室工作，居家办公时"①个人工作"的效率会更高，但是"②非正式沟通"的频率会大大降低。另一方面，在办公室工作的结果则完全相反（①的效率会下降，②的效率会提高）。

大家应当都能想象得到，在专心工作时一旦被人搭话，精力集中程度就会下降。第91页的图表非常清晰地显示出从实验结果来看，当旁边有人时个人工作的专注度就会显著下降。

尽管本书主要介绍以个人工作的高效化为前提的房间整理方法，但是远程办公不是万能的。对于一个人集中精力来完成的工作选择居家办公，对于研讨会则在必要的时候到公司去，像这样灵活地切换模式才是最高效的。

Evidence
据 Centre d'analyse stratégique（法国首相领导下的战略决策及专业知识机构）发布的信息，**在**

法国，人们每周 1—2 天在家办公，其余时间去办公室工作，这种模式是最理想的。有的人觉得每天都在家办公非常痛苦，那么可以制作一个日程表，每周三分之一的时间在家集中精力办

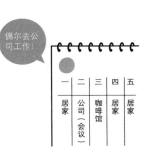

公，其他的时间则去办公室处理必须与同事沟通的事务。

第3章

最后的最后再关注内装

——绝对不会故态复萌的"减法思维"

好不容易把房间收拾干净，整理得井井有条，却很快恢复原样……

遇到这种情况的人士或许采用的是加法思维。我们需要改变思维，想办法保持现在的简洁状态，而不是增添东西。

[减法思维]

方法
18

请放弃对房间的理想或梦想

阅读用时 **4** 分钟

　　我在第 2 章中介绍了整理+收纳的基本流程，为了提高整理的成功率，本章将介绍"**转变心理**"。通过改变你对收纳的认知，能够保证收拾好的房间不会轻易又恢复原貌。

　　这章所讲的内容或许会有点严肃，你要加油读哦！

　　进入正题，在开始进行整理时，你一般从什么着手？如果你觉得家里的收纳容量不够用，首先从购买收纳用品着手，那么这种做法会是**非常低效**的！

整理要按照顺序来做。

如果不按照顺序做，或者该做的没有做到，房间很快又会恢复原样。如果嫌麻烦而跳过某步骤，之后一定会产生不良影响。

请一定要把这件事放在心上，再开始做收纳整理。

你的房间现在处于什么状态？

☐垃圾都处理掉了

☐确定了物品的固定放置位置

☐保持着物品用完后放回固定位置，整个房间整顿良好的状态

☐内装非常充实，待在这个空间里令人心情愉快

如果房间里到处是喝完的饮料瓶或者抽纸的空盒子，那就没有什么好问答的了，请先收拾房间里的垃圾。如果连这点事都觉得厌烦，不想做，那就太不像话了！（我不是指责谁懒散的性格。而是提醒你要准备一个大号的垃圾桶，让丢垃圾这

件事不会给人造成那么大的负担。)

接下来，如果已经着手收纳物品，那就来确定正确的固定放置位置吧。在这个阶段，如果执着于室内用具，或者把物品放回非固定位置，房间很快又会杂乱起来。

在确定了便利的物品的固定放置位置后，减法思维就能派上用场了。

"我想在房间里做这件快乐的事！"

"我喜欢令人放松的北欧风的房间……"

"我想用伸缩杆，增加收纳量！"

以上这些都是加法思维。

减法思维是"**按照日常生活的活动路线，把沿线的障碍物慢慢地清除出视野**"，请树立这种思维。

在整理完后，请把

目标从"每天精致地、充实地生活"降低到"没有障碍地、顺畅地生活"。

你平时越忙碌，越要**时刻注意"简洁"。换句话说，你的目标应该是打造一个不用多加思考也能维持整洁的房间。**

说得再简单点，请设想那种即使是幼儿园的孩子，也能在你的房间里找到必要物品的通用设计。

One More
advice

　　在高级内饰设计杂志或者收纳方法书中介绍的收纳整理术基本都是面向高级人群的。如果不是"我家里的收纳已经很完美了，但我想更进一步"这种人士，则很可能受挫。尤其是可视化收纳，对技能方面有很高的要求。

[内装的有无]

方法
19

"从形式着手" 意味着失败

阅读用时 **3** 分钟

　　购买收纳用具是最后的工序。如果在尚未完成整理的时候分心去想收纳的事情，会导致无法做出正确的判断，比如从容易收纳的物品开始保留、让文件夹与拥有某物品的意义产生关联。

　　工作方面也是如此，在没有熟悉现有业务流程或成员强项的阶段，即使采用高规格的昂贵工具，也很难进展顺利。

　　工作或者运动都可以分为两种，一种是需要先打好基础再完善环境，另一种是先具备完善的环境，然后从形式入手。无论哪一种，只要是适合本人的，都能取得相应的成果。

但是在收拾房间上，**如果从形式着手，那么成功率将大打折扣。**

Evidence

销售公司 FELISSIMO 曾经以 412 名 20—60 岁的女性为对象做过一项问卷调查，结果显示，**在购买了收纳用品的女性中，有 65% 的人根本用不上。**一时兴起而买的收纳用品很可能根本用不习惯，而且用其收纳的物品很可能会成为没有用的压箱底的东西。

也有人会通过阅览一些内装杂志来设想理想的居住环境，并以此为目标进行收纳整理，但如果一开始设定的目标过高，就容易中途受挫。

在能够顺畅地生活之前，请不要购买精心设计过的收纳用具。

目标是井井有条的健康的房间

第 104 页上显示了精心设计过内装的房间和简

洁的房间的区别。请对照观察两幅插图。

你觉得上面的插图中精心设计过内装的房间怎么样？

每天（或每周）使用的物品散乱地分布于房间各处，人的活动路线会变得复杂起来，既不利于拿取物品，放回去时也很不方便。

另外，居住空间里放置着很多基本用不到的"（只是）看起来很漂亮的杂货类"物品，这样既容易落灰，又不方便打扫，而且需要使用的物品和用不到的物品混杂在一起，找起来很麻烦。

许多人总是想要这样的房间，但实际上对这种房间必须付出很大精力，定期整理才能保持整洁的状态。说得直白点，这种房间其实正是容易恢复原貌的"使用起来不方便"的房间。

另一方面，你觉得下面的插图中的简洁的房间怎么样？

首先，收纳柜里**只看得到"每日（每周）使用的物品"**，拿取或放回物品很方便。使用频率较

×精心设计过内装的房间

○简洁的房间

低的物品装在箱子里，并且放进了橱柜里，因此不易积灰，只要在必要的时候取出来就可以了。

这种房间每天只需要收拾 5 分钟左右就能维持整洁的状态，正是所谓的 "**井井有条的健康的房间**"。

在确定好物品的便利的固定放置位置，并且每天能够轻松保持后，再来研究室内装饰或收纳吧。口味较淡的饭菜可以再次调味，但一开始调味就很重的饭菜就没办法使其变淡了。在整理房间时也请采用 "**开始简洁，最后讲究**" 这种两阶段式的思维方式。

不要一开始就想我要买什么，首先把精力放在确定物品的固定放置位置上，以便能够简洁地顺畅生活。在完成功能方面的任务后，再用加法思维来改善设计吧。

One More advice

搬家是一个重新审视你所拥有的家具的配置和收纳的好机会。用不惯的收纳用具就干脆处理掉吧。去看新家时，要注意测量壁橱等收纳空间的尺寸（长、宽、高），提前弄清楚能够放得下几个纸壳箱。搬家后暂时先利用纸壳箱或手头的收纳用品度过一段时间，在掌握了物品的固定放置位置后，再添置家具或室内装饰品。

[收纳技巧]

方法
20

掌握尺寸后再购买收纳用具

阅读用时 **4** 分钟

　　人们一旦开始收拾房间，就总想买各种各样的收纳用具。不过在完成整理前，请先忍耐一下吧。我们不是根据收纳用具来选择物品，而是**应当在整理完成后，根据剩下的物品的数量来选择收纳用具**。

　　找我做收纳咨询的委托人几乎每个人家里都有大小不一的各种收纳用具。即使本人认为自己几乎没有收纳用品，但其实在橱柜等房间的各个地方都随处可见各种收纳用具，诸如文件夹、书挡、空箱子、服装包装、篮子等。

收纳用品一旦买了，就很难下决心处理掉。首先要确认下，您家里有多少没有利用起来的收纳用品。

一般来讲，**文件夹或书挡里应该放"每月使用一次以上的物品"，并采用立式收纳；箱子适合收纳"一个月都用不到一次的物品"，并且收进壁橱或衣橱里。**

如果有长年用不到的文件，则要装在薄型透明文件袋里，转移到箱子里保存。文件夹则放在书桌附近再次利用。

如果箱子的大小不合适，容易出现没有被有效利用的空间

没有被有效利用的空间

测量尺寸后
再放箱子，
这样收纳得刚刚好！

乍一看似乎整理得
很好，但有闲置
空间，所以太浪费了

　　壁橱的收纳也是，不要一上来就买大型的衣服收纳箱。如果收纳工具的大小不合适，它就会变成没有有效利用的空间，降低收纳效率。首先，借助手头的纸壳箱等来确认尺寸，再在网上购买大小合适的衣服收纳箱。

　　空的零食箱子或鞋盒等也要积极利用起来。只要是纸箱子，都可以通过裁剪或粘贴来自由改变大小，因此可以很方便地用于收纳柜或抽屉的内部隔断。

　　先在一周内尝试用空箱子，如果用着顺手，就可以用尺子量下尺寸，在网上购买同等大小的收纳箱。对于收纳用具需要重点考虑的只有尺寸，我不建议去店里购买，更推荐在网上购买。

　　鞋盒也容易因为不知道放什么合适而成为没有有效利用的空间。寻找恰好的收纳用具是非常困难的，所以在搬家后，我推荐通过组合纸壳箱和百元店里的篮子来 DIY。把纸壳箱或者手边的厚纸片根据空间来裁剪，用胶带固定住，简易架子就做好了。数周后，如果使用感受良好，就可以升级购买同等尺寸的商品了。

[收纳小技巧①]

方法
21

只买三层收纳柜就够了

阅读用时 **3** 分钟

　　房间里只要有书架或者杂货架，就容易产生一种想要把架子填满的心理。

　　因此，我建议**购买必需数量的三层收纳柜**。这样一来就变成了根据我们所拥有的物品数量和种类在最低限度的收纳家具里放置物品，不必担心东西买多了。

　　收纳柜的最大优点在于你可以根据不同时期来更改收纳对象，比如读书较多时可以收纳书籍，想放置化妆品或者杂物时可以减少放书的空间，诸如此类。

另外，由于收纳柜不用开关门，减少了拿取或放回物品时的动作数量。相应地，由于没有门，它既容易落灰，又看得到里面的东西，因此不推荐用于收纳使用频率低的物品。

我建议把收纳柜和有盖子的箱子加以区别利用，把每周使用一次以上的物品收纳在收纳柜里，除此以外的物品收纳进有盖子的箱子里，然后放到不显眼的地方。

▋ 不要购买难处理的收纳用具

希望大家注意一点，不要购买难处理的收纳用具。

我以前购买过的失败的收纳用具有：

☒**篮筐**（布料的东西放进去后，纤维很容易被勾住绽开线）。

☒**首饰盒**（抽屉比较重，拿取或收放饰品都很麻烦，上面还有个小锁，开关都很麻烦）。

☒**吊架**（不方便收放或拿取物品，逐渐就不用了）。

　　☒**水果专用架**（用途实在太少了，使用频率很低）。

　　☒**大型的服装收纳箱**（由于尺寸太大，很难管理里面放的东西）。

　　……

　　购买诀窍是 "SIMPLE IS BEST"。选择材质轻且方便开关的，不用多加思考几秒内就能拿取或收放物品的收纳用具。购买后，只要发觉有一点点不合适，就可以在煤炉等网站上卖掉。勉强继续使用的话，反而容易变成物品杂乱的源头。

纸袋不适合长期保存物品

　　也有些人喜欢用纸袋来做收纳。

　　在进行整理作业的过程中，一般都会用到纸袋。纸袋可以在分类前临时保管物品、搬运东西、临时保管不知如何处理的物品或者计划拿去二手商品市场处理的物品，非常方便。

但是，我不建议把纸袋用于长期保存物品，因为纸袋

①看不到里面的东西。

②由于自身不能挺立，无法整齐排列着放。

③容易积灰。

里面的东西还有可能受潮老化。

或许你的抽屉里也有放着东西的纸袋，请检查下它们是否积灰了。

One More
advice

收纳孩子的玩具或文具等"细碎的物品"时，不要用纸袋，可以用透明的带拉链的塑料袋装起来，然后放在有盖子的箱子里长期保存。

[收纳小技巧②]

方法
22

书桌附近也可以放些食物或者婴儿用品

阅读用时 **4** 分钟

　　抚养孩子的过程中要用到很多婴儿用品，比如玩具或婴儿床等。

　　有的人喜欢在厨房做饭时顺便做个面膜，还有的人把书桌兼用作餐桌或梳妆台。

　　也就是说，**不是对每个人来说，都是"厨房＝做饭的地方""书桌＝学习或工作的地方"**。

　　如果按照物品的范畴来确定固定放置场所的话，比如"笔放在笔筒里""厨具放在厨房里"，会导致房间变得不便利。

　　物品放在使用它的场所附近。这是整理的铁

则，我已经强调过很多次了。

　你如果有在厨房阅读的习惯，就在厨房里放几本书；如果习惯在书桌上梳妆打扮，就在书桌附近放些梳妆用品。不要被常识束缚住，房间里的物品都应该以便于使用为最优先考虑因素来放置。

■ 有效利用收纳柜或篮子

　收纳柜在这种时候也能派上用场。要根据使用场景来分层收纳。

　举个例子，如果每当肚子饿了就去厨房拿些吃的，这样肯定会打断工作。所以，我们可以在书桌附近放一个收纳柜，里面除了工作用品，还可以放一些食物或卫生用品等（我经常在书桌旁边放一些坚果或者小鱼肠，以便肚子饿时食用）。

　那么，那些没有固定放置位置，但需要频繁用到的物品要如何处理？

　我们可以在收纳柜里放一个篮子，把婴儿用品或者玩具等物品放在篮子里，在一天的开始或

每天用得到的玩具或零食的收纳示例

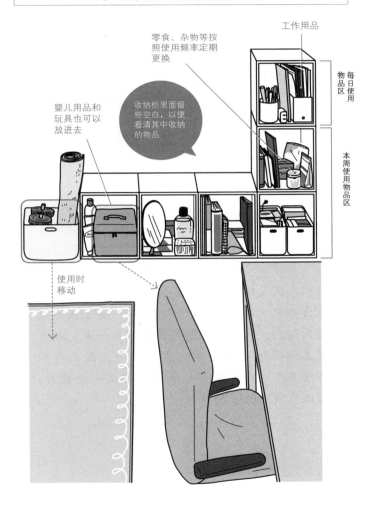

零食、杂物等按照使用频率定期更换

工作用品

每日使用物品区

本周使用物品区

婴儿用品和玩具也可以放进去

收纳柜里面留些空白，以便看清其中收纳的物品

使用时移动

结束时把篮子拿出来或放回去。这样还能避免在多个地方使用一个物品时用完忘了收起来。

不过，不能把使用频率低的物品和使用频率高的物品混在一起，要严格挑选每天使用的物品。有很多篮子是带把手的，不过这种篮子本身会比较重，取出或放回时很费事，因此尽量选择较轻的篮子吧。

One More
advice

对于在多个场所使用的物品，还有一个办法，那就是购买多个该物品，在每个用得到的地方都配置一个。以眼药水为例，除了在书桌前用得到，有时候也会在睡觉前点一点，或者在工作场所（办公室）里用一用，因此可以在这几个用得到眼药水的地方都买一个放着，以减少找来找去的麻烦。

不要过多地去做平时做不到的事

　　非常擅长居家办公的人能够灵活利用节约下来的通勤时间，享受一杯美味的咖啡，或者侍弄家庭菜园等等，看上去无论工作还是个人生活都非常充实。

　　但是，在尚未适应居家工作或学习之前，如果既想尝试这个又想试试那个，则会产生反效果。不要用加法思维来思考问题，比如"空下来的时间如果能做这个就好了"等想法，我更推荐减法思维。

　　"只要能最低限度地完成出勤时间的工作就已经很好了"，试着这样降低心理预期吧。不必一开始就给自己那么大的压力，觉得必须事事做好。按照自己的节奏，慢慢适应居家办公就可以了。

　　"不要一口气做太多"，这一点非常重要。大家应该也有过类似经历，家务活儿在开始做之前的门槛较高，但只要开始做起来，就能迅速地推进。打扫卫生或者收拾房间也一样，要给自己制定一条规则来降低着手去做这件事的门槛，比如"不能一次做太长时间"。

Evidence

听说在德国，很多人给家务活儿制定了定量规则，比如"卫生间每隔一天打扫一次，每次最多3分钟""每3天出去吃一次饭或者点一次外卖"等。通过预先设定这种不必过于勉强的规则，能够毫不费力地养成习惯，并把这些事坚持下去。如果因长时间作业把自己搞得疲惫不堪，大脑就会形成"这份工作很辛苦"的认识，下次行动起来就很难了。不要对自己抱有过高的期待，在形成习惯之前先降低心理预期吧。

第4章

纸类或衣服不必丢掉，
可以分享出去

——聪明地扩张房间的"不持有某物"的整理方法

对着放满东西的房间，不用烦恼于某物
必须扔掉！

本章将教给你一种不必扔掉物品也能减
少物品数量的"分享方法"。

[分享思维①]

方法
23

比想象中狭小的 "日本的房间"

阅读用时 **3** 分钟

　　在阅读本书的读者中，恐怕没有几个人自认为自己家的房间足够宽敞。日本城市里的房间都很狭小。

　　请看第 124 页的图表。

Evidence

　　首先，与其他国家相比，**日本的平均住宅面积较小，只有美国的三分之二左右。**（就算这样，10 个美国家庭中也有一家需使用临时物品存放处！）

　　其次，在日本的国内住宅面积方面，地域差

大城市与小地方在住宅情况方面的差别

■ 人均住宅使用面积的国际比较

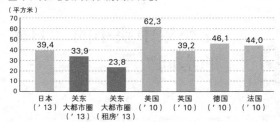

（平方米）

日本 ('13)	39.4
关东大都市圈 ('13)	33.9
关东大都市圈（租房'13）	23.8
美国 ('10)	62.3
英国 ('10)	39.2
德国 ('10)	46.1
法国 ('10)	44.0

我根据《2015/2016年版 建材、住宅设备统计要览》制作而成

■ 各都道府县 住宅的占地面积（每户）

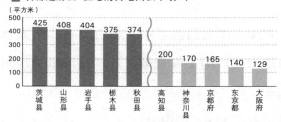

（平方米）

茨城县	山形县	岩手县	栃木县	秋田县	高知县	神奈川县	京都府	东京都	大阪府
425	408	404	375	374	200	170	165	140	129

■ 各都道府县 民营租房的房租（每月平均3.3平方米）

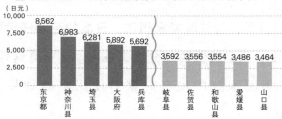

（日元）

东京都	神奈川县	埼玉县	大阪府	兵库县	岐阜县	佐贺县	和歌山县	爱媛县	山口县
8,562	6,983	6,281	5,892	5,692	3,592	3,556	3,554	3,486	3,464

我根据《通过统计看都道府县2019》制作而成

大城市里住房狭小，房租却很高

别非常大，东京都居民住宅面积只有茨城县居民的三分之一。东京的房租又远远高于全国，如果不是收入非常高，不可能住得起非常宽敞的房子。

另一方面，东京都居民和茨城县居民在物欲上并不存在三倍的差别，不管居住在哪里，大家所拥有的物品的总量基本没有很大的差别。也就是说，只要住在东京，收纳的难度就要比居住在茨城县高出三倍。

如果你认为你所拥有的东西必须都收纳在家里，那么你的占有欲就被住宅的情况束缚住了。另外，如果因为想要守护对物品的喜爱而在选择地点或住宅设备方面妥协，那么就不能舒适愉快地生活，这也是非常可惜的。

当"拥有物品"与"收纳在家里"无法同时做到时，首先要把这两者分开来考虑。

　　我的工作单位株式会社 SUMALLY 做过很多关于物品占有欲的调查，我在拙作《不扔东西的整理术》中做过相关介绍，感兴趣的读者不妨一读。

[分享思维②]

方法

24

如果存着本地数据，电脑总有一天会被塞爆

阅读用时 **3** 分钟

你如何管理工作文件？

我想许多人都在以下两个地方管理数据。

- **公司或部门的多人共享的文件夹**
- **个人电脑里本地保存的文件夹**

喜欢在个人电脑里储存数据，是**非常低效**的！一个不注意，电脑或者房间就不知不觉地被塞爆了。

电脑桌面可以比喻为房间的缩略图。

数据杂乱地放在电脑桌面上而不加以整理的人士，多数在家里也会把东西放得满屋子都是。

不要在本地储存数据，要养成使用共享文件夹的习惯。便笺看起来没有共享价值的东西也一样，只要放进共享文件夹里，说不定什么时候就有人用得上了。

整理工作单位的数据也是我的工作之一，我基本都会推荐采用共享文件夹来共享所有信息。通过整理保管场所，谁都能轻而易举地查找到数据。

在处理房间里的物品时，思路也是一样的。

如果你认为"自己使用的物品＝个人所拥有并且放在房间里"，只有这一种选项，那么你的物品占有欲的"上限值"就会被房间的大小限制住。由于占有欲而一次次搬家，而且空间越搬越大，这在经济上也非常不划算。因此

· 使用但不购买

· 用完后卖掉

· 转让给身边的人

· 捐出去

· 不是一个人使用，而是多个人使用，放在共同保管的地方

· 把直到下个季节才会用到的物品寄存起来

等等，通过拥有物品的多种形式，解决物品的量和收纳容量之间的两难困境。

顺便一提，**请想一下办公室的备用品是如何管理的，就能明白什么是共享思维。**

在我的办公室里，每个人自行保管圆珠笔或者夹子等每天都要使用的物品，库存文具则保管在部门的公用架子上。比如咖啡机上放着公用的订书机，票据柜旁边放着公用的胶棒。

请观察下你身边那些桌面很整洁的人的行为。他们应该都非常善用公用物品，非常注意不在自己的桌子上积存很多东西。在家里也一样，只要

能够灵活利用公用物品，就能维持房间整洁。

不要一个人独占所有物品，仔细想好每件物品现在应该在哪里，从而确定其固定放置位置，这样就能不因房间太小感到拘束，很顺畅地收拾好房间。

One More
advice

给喜欢的物品拍张照片，上传到 SNS 上，为它寻找一个合适的主人。昂贵的东西可以挂在二手商品网站上卖掉。此外，婴儿车等还能继续使用的物品可以转让给身边有需求的人。

[外部收纳]

方法
25

仅仅放在房间里算不上收纳

阅读用时 **4** 分钟

我在前面讲解了一些收纳规则，比如"频繁使用的物品放在使用场所的附近""使用频率低的物品装在箱子里，然后放到壁橱中"等，但"后院"不仅仅限于家庭范围内。

当服装或者棉被等季节性用品、露营用品、体育用品等"每年文件夹"里的物品在物理上无法被收纳进房间时（尤其是居住在城市里的人士），建议使用快递到家型的"外部收纳服务"。

储藏室服务有很多种类，我建议从以下角度来比较研究，然后选择和自家的壁橱一样能够方便使用的服务：

　　①与搬到更宽敞的住宅相比，更便宜。

　　②对寄存的物品可以逐一管理。

　　③拿取或收纳物品更细致。

■■ 利用智能手机可简单寄取件的"SUMALLY Pocket"

　　株式会社 SUMALLY 运营着一种叫做"SUM-ALLY Pocket"的快递到家收纳服务，该服务中的每个箱子每月的使用费为 250 日元左右，这个价格在寄存柜业界是非常低的（价格只有东京都的寄存柜价格的四分之一左右），比在城市里搬到更大的房子里也便宜很多。

　　除了衣服和被褥，我还把圣诞节用品、季节性家电等寄存在里面。

　　仓库方面会给预存的物品逐个拍照，因此物品的主人可以在智能手机或电脑上轻而易举地确认寄存的物品。在需要取件时，用户可以在智能

手机或电脑上按箱或逐个取出，最快第二天就可以被送到家里。

我尤其建议在替换衣物时加以利用。一般的流程是"替换衣物，然后送去干洗，再叠好保存"，但这太复杂了，因此有很多人总是拖着不做。

选择 SUMALLY Pocket 的话，只要先把当季用不到的衣物装箱寄存，然后选择物品服务中的干洗，当下个季节到来时，在家就能收到干净的新一季的衣物。在开始换季时，只要按一下 SUMAL-LY Pocket 的"取出"键，就能收到下一个季节的衣物，非常简单地完成衣物换季。SUMALLY Pock-et 上还提供被褥、鞋子、地毯的干洗服务。

比如，5 月份在取出夏季需要的衣服的同时，把初春穿过的衣服寄存进去，家里就不会有当季以外的物品了。

专业提供保管业务的寺田仓库非常注重温度、湿度管理，因此精致的西装、包包等也可以放心地寄存在那里。

我是数据分析负责人，要定期采访 SUMALLY Pocket 的用户，借此了解到其用户群体非常广泛，以城市为中心，覆盖了从独居人士到大家族的所有家庭类型。尤其是很多人由于生活方式改变而开始使用 SUMALLY Pocket，比如由于结婚或同居，独居变成二人生活，或者二人生活因为宝宝的诞生变成三人生活，等等。

每个月用不到 500 日元，不必搬家就能增加收纳场所，在环境突然变化时也能安心。不过，虽然它非常方便，但不要忘了定期检查一下寄存的物品。每个季节都要在 App 上逐个确认物品，以避免物品成为不用的压箱底的东西。

One More advice

　　不怎么穿的衣服、被流行趋势左右而买的饰品、包等可以用租赁代替购买。以我为例，我需要去参加婚礼等活动时，不会非常讲究穿什么样的派对服装，所以不会自己购买，一般都是租赁。最新的家电也是先租赁来使用，如果非常喜欢才会购买。

方法
26

从大量的文件里解放出来吧

在整理书桌周边时，最难的就是文件的整理。 只要文件能够整理干净，你的书桌和头脑都会变得敞亮起来。

在此，我建议采用"分享"思维来整理文件（不仅可以用于整理自己家里的文件，还可以用于整理公司的办公桌）。

首先，依据"是否有必要保留实体文件"，把文件分为以下两类：

①即使没有实物也没关系的文件（使用说明书或指南手册等）。

②必须保留实物的文件（合同、证明、向政
府部门提交的申请文件等）。

接下来，我们逐一进行分析。

①可以不保留实物的文件的整理方法

你的家里应该有很多即使不保留原件也没有
影响的文件。这类文件可以按照在网络上查找到
的信息情况来进行分类。

·能够在网络上查询到同样信息的文件

这类文件没什么好犹豫的，直接处理掉。

我听到过这种意见："外卖的传单等还是留一
留比较好，需要的时候拿来就能看到菜单，很方
便。"但实际上，当你需要它的时候，与其在一堆
传单里花时间找，用谷歌搜索更快捷。

对于频繁需要用到的信息，我建议在电脑或
者手机的浏览器上把常用页面保存为书签。家电、
家具的使用说明书则把保修证页面剪下来保存，
其他扔掉。如果是上面有优惠券的传单，那就把

优惠券的部分剪下来保存到文件夹里，过期了就扔掉。

· 在网络上查不到同样信息的文件

学校通知等 A4 纸大小 1—2 页的文件可以用家里的扫描仪制作成电子版，或者拍张照片保存在电脑、手机里，然后把原件处理掉也没关系。

研讨会的课件或者料理教室的菜单、杂志等，页数较多的文件推荐采用代扫描服务，很方便。 比如扫描小蜜蜂（https://scanb.jp）提供代为扫描服务，客户只需要用纸壳箱把文件送过去，就能以最低每册 80 日元的价格扫描文件，对于文件或笔记（部分形式除外），除了提供扫描服务外，还可以帮客户处理掉扫描后的文件、图书。

对于信、日记等想留作回忆、纪念的东西，不要归在"文件"类里，和玩偶、孩子的手工作品等一起放在"回忆文件夹"里。只要区分开保存场所，就不用担心不小心弄丢了。

另外，工作笔记和研讨会文本需要格外注意。

有的人认为这些是自己努力过的证明，于是保存了所有的文件，但是请认真想一想保留原件的意义是什么。

如果是经常拿起来看看或欣赏的物品，尚有保留下来的价值，而如果是因为不想面对丢弃东西的恐慌情绪而保留下来的物品，那就把它变成数据的形式以节省房子的空间吧，这种处理方式明显更健康。

②必须保留原件的文件的整理方法

接下来是必须保留原件的文件。这类文件如果处理掉会产生不良影响，因此必须保留下来。

需要保留原件的文件主要有两种：

·预计要处理掉的文件（向政府部门提交的文件、入学申请等）。

·有保管义务的文件（登记事项证明、合同等）。

·预计要处理掉的文件

有明确的有效日期的文件，按照需要处理掉
的日期存放到透明文件夹里（如果是 A4 纸大小的
文件，用透明文件夹保存刚刚好）。

　　文件种类不同也没关系，只要围绕什么时候
处理掉这一核心来分类，就能避免遗漏某文件。
把处理日期写在标签或便笺上，贴在透明文件夹
上，并在手机上设置提醒。如果待处理的文件太
多而导致手机里的提醒事项过多，我推荐采用
Trello 等任务管理工具。

　　很多人为了避免把处理到一半的文件忘了而
选择不把文件收起来，但其实这样做的提醒效果
并不好。每次看到文件，只会增加忘记处理文件
的罪恶感，等到关键的处理时刻早已经看习惯了，
或者干脆忘了文件的存在。这样一来操作根本无
法进展。

　　只要在应该想起来的时候想起来即可，因此
不必依赖自己的视觉，可以利用手机里的 App。在
接收到提醒之前，就让它们隐身在文件盒里沉

睡吧。

发票、收据等比较小的纸张要放在带拉链的塑料袋里保存。 要记录车费明细、家庭收支的话，可以把收据等都收集在带拉链的塑料袋里，有空的时候一口气都记录下来，然后把原件处理掉，这样就能避免收据到处乱放了，非常方便。

·有保管义务的文件

重要文件等需要保存数年的文件按照项目类别，放在一个透明文件夹里（选择表面结实的那种）。

·公寓的出租合同

·居民卡

标明保管期限的透明文件夹

·资格证书

·养老金手账

·各种保证书

等都是一些使用频率较低的物品，不必细细分类。保证书按照保证期限放到一页文件夹里，到期后统统处理掉。

这些整理方式的流程图如第 143 页所示。

文件如果按照保留还是处理掉这种二选一的方式来整理，会非常麻烦，而改变下思路，从"数据化还是保留纸质原件""如果想要保留纸质原件，那什么时候使用"等角度来衡量，既能减少文件数量，还能把它们保存在最合适的地方。

One More advice

像个体业主这类人士一般会有非常多有保管义务的文件，请重新检视下它们是否真的有必要放在屋子里。塞在抽屉里的文件容易发霉或落灰。利用外部收纳服务，把它们放在箱子里寄存，不失为一个好办法。

文件的分类流程

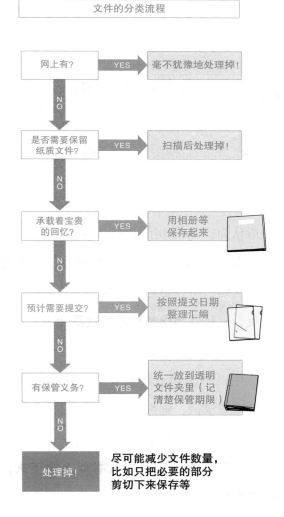

网上有？　YES　毫不犹豫地处理掉！

NO

是否需要保留纸质文件？　YES　扫描后处理掉！

NO

承载着宝贵的回忆？　YES　用相册等保存起来

NO

预计需要提交？　YES　按照提交日期整理汇编

NO

有保管义务？　YES　统一放到透明文件夹里（记清楚保管期限）

NO

处理掉！　尽可能减少文件数量，比如只把必要的部分剪切下来保存等

方法

27

一本书都不用扔

一般认为:"收拾房间最好从冰箱开始。"这是因为食品都有保质期,相比于其他物品,丢弃的标准更加明确,所以更容易整理。

相反,**一般认为很难整理的就是"书"**。

很多人一提到把书扔掉,要么会有罪恶感,要么会产生抵触情绪。甚至有的人认为书不适合用使用频率来谈论,觉得"一本书都不能扔"。

请放心,书一本都不必扔!

首先,我们要把所有书从书架上拿下来,然后逐册进行分类。

　　我在给出整理建议时，会介绍常用分类法（参考第 146 页图）：

　　首先，把书分为"读过的书"和"尚未阅读的书"两种。在此基础上，按照"什么时候阅读？""为什么重要？"来自问自答，把书分为 8—10 组（步骤 1）。

　　这里需要注意，不要按照种类来分类。很多委托人都是按照漫画、参考书、园艺等对书进行分类。不要在意书的种类，从**"它对自己而言是什么样的存在"**的角度来分类。

　　在此基础上，按照意义来研究放在哪里最合适（步骤 2）。**"A 计划接下来阅读的书""B 阅读到一半的书""E 频繁用到的参考书"应当放在书架上方便拿取的特等席上**（我习惯在泡澡时阅读，因此会在洗浴间的篮子里放 1—2 本"A 计划接下来阅读的书"）。

　　"G 重要的需要妥善保管的文献""I 作为藏品的收藏书"由于并不经常取用，因此没有必要放

書の整理と収納

[步骤1 **把书分类**]

读过的书

| J | I | H | G | F | E |

装饰用书

作为藏品的收藏书（杂志、漫画等）

想借给别人的书

重要的需要妥善保管的文献

喜欢且想抽空再读一读的书

频繁用到的参考书

尚未阅读的书

| D | C | B | A |

借来的书

现在没有阅读意愿的书

阅读到一半的书

计划接下来阅读的书

[步骤2 **确定每本书在书架上的固定放置位置**]

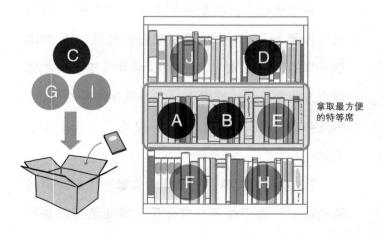

拿取最方便的特等席

**在书架上，可以装在箱子里，放在壁橱、储藏室等
"后院空间"里。**

如果"C 现在没有阅读意愿的书""D 借来的
书"占据了书架上的很大空间，则不利于精神健
康，所以借来的书要尽早归还，没有阅读意愿
的书要尽早转让给别人或者卖掉（或者捐赠给
图书馆）。

接下来，书架上空余的空间可以放置剩下的
"F 喜欢且想抽空再读一读的书""H 想借给别人的
书""J 装饰用书"。

就像更替衣橱里的衣物一样，对于书架也要
定期把书全部拿下来进行整理，使书架焕然一新。
如果一个书架上一眼望去全是令人陶醉的书，也
会让人每天都愿意多读点书吧。

　　对于一本书，如果并非喜欢它的装帧，而是想保留作为参考文献，那么我建议把这种书送去扫描代办店进行数据化。也可以根据书的种类来恰当地选择保留电子图书还是纸质图书。

[与物相处的方式①]

方法
28

物品放在房间里的理由要能够用语言讲得清楚

阅读用时 **2** 分钟

请逐一检视放在房间里的物品。

它为什么放在那里？

人们拥有某个物品的原因一般是使用需求、情感需求（喜欢）两者或其中之一。除此之外，也有可能是因为对某物品有情结或羁绊、执念而不舍得扔掉，或者因为处理起来很麻烦，就随意地放在了那里。

在使用需求、情感需求（喜欢）这两种因素中，如果按照使用场景或喜欢的理由等背景来分类，每个人拥有物品的理由都可以进一步细化。

比如，"喜欢的东西"可以分为很多不同的种类，比如

・与家人的回忆

・追星用的东西

・用于帮助自己成为想成为的人而进行的自我投资

　・稀有、价值高的收藏品

等等。

收纳整理的精髓在于与拥有物品的意义对峙。对于拥有的物品，要反复问"为什么"，然后根据回答来采取最合适的处理方式，这样就能使房间功能性更强、更方便。

通过不断反复思考"为什么它是必要的"，能用语言把物品与自我的关系讲清楚。

例如，"这件和服虽然穿不着，但是我深爱的祖母留给我的，所以不想处理掉"。这种感情就连

本人也很难判断应该属于"爱"还是"执念"。即使很难明确分类，只要能够这样深入挖掘理由，就能进行下一步的提案（改做成西装或包，或者转让给会好好珍惜它的人，等等）。

　　"我因为这样的理由而拥有那个物品，所以这样放在房间里是最合适的"，要像这样说出自己认可的关于物品的故事。只要这样定义过一次，以后在更换衣物或搬家、生活方式发生改变等与物品相处的节点上，就能迅速做出判断。

One More
advice

　　在整理委托人的房间时，我经常在塑料膜上画一个 4 象限的矩阵表，然后对物品进行分类。以收藏品为例，纵轴表示喜爱程度，横轴表示取用的频率。按照自己对物品的喜爱程度对其进行排序，这样一来就能以一种崭新的心情来面对非常喜欢的收藏品。

方法

29

潜在情结通过分享来升华

　　每个人都能按照"用得着/用不着"这种分类进行客观的判断，但是很多人会苦恼于"喜欢/不喜欢"这种分类方式。尤其令人迷茫的是对"因为潜在情结而拥有的物品"的处理方式。

　　坚持不下去的减肥用具、让自己受挫的资格考试时用的教材、较瘦时期穿过（但现在穿不下）的衣服……处理掉这类物品似乎是在否定过去的自己，因此会产生一种恐慌情绪，难以放手。我非常理解这种心情，不过爱与潜在情结是两种似是而非的感情。

　　只要一看到因为潜在情结而保留下来的东西，

就会失去尝试新挑战的意愿，还会破坏房间整体的居住愉悦感。而把它**当作垃圾丢掉的话心会痛，那就把它积极地分享出去吧。**

即使是对自己来说有潜在情结的东西，对于需要它的人来说，它或许是非常受期待的。

如果有点迷茫，可以在煤炉等网站上搜索下相同物品的行市。如果同样物品的价格稍高，就证明有人想要它。反之，如果价格一般，或许说明它对你以及别人来说都是不需要的东西。

除了从"我是否喜爱这个东西"的角度，还可以从**"这个东西在我的家里是不是幸福的"**这种角度来处理物品。

One More / advice

　　对于阅读了一点却发现不适合自己的书，不要扔掉，转让给别人吧。书的状况良好的话，可以捐赠给图书馆，如果有缘，自己以后还可以再借来阅读。如果周围没有人买，那就放到煤炉上。距离开始发售的时间越近，越能以更高的价格卖出去。

方法

30

即使对家人的东西有不满也不要说出来

阅读用时 **3** 分钟

有些人会对同住人心生不满，比如抱怨"同住人总是把房间搞得乱七八糟的""家人不配合，房间根本没办法收拾"等。

Evidence

株式会社 SUMALLY 做过一项调查，约有七成夫妇因为物品而争吵过，约有五成夫妇因为物品的冲突而后悔结婚。如果你和你的家人也因为物品而烦恼，那也是很正常的。

与其改变对方，不如通过改变"家庭的原则"来解决问题。

如果硬要不擅长整理的人做整理，他们最多临时应付地收拾一下，没有任何意义。重要的是**在共享空间和个人空间之间明确出界线，对于个人空间里的事情互相不要干涉。**

如果每个人都有自己的房间，个人空间就很容易明确区分开了。至于洗漱台等共同使用的地方，也可以分层来区分收纳空间，大家各自在自己的空间里活动。

"物品用完不收起来"的坏习惯需要夫妇一起来改善

神奇的是，同住人的东西总会比自己的东西看着碍眼。"东西用完后也不收起来，根本不收拾房间"，在讲出这种抱怨之前先想一想，"**房间的环境是否有利于用完东西后及时收回去**"？

如果同住人把衣服脱在客厅，可以提议在客厅放一个脏衣篓。如果调料总是用完不收起来，那就干脆尝试下"把所有调料都拿出来（放在外面）"。

如果你比同住人更擅长收纳整理，那就试着配合对方降低收纳的难度吧。只要采用通用的无论大人还是孩子、擅长整理的人或者不擅长整理的人、忙碌的人或者没有那么忙碌的人都能轻松收拾房间的设计，家人和自己都能轻松许多。

或许有的人看到同住人的东西太多，总是烦躁不已，而自家的收纳空间又有限，那就先平均分配空间，然后由东西较少的一方让一些空间给对方。

如果两个人的东西都比较多，就把使用频率较低的物品寄放到收纳服务处。这种方法还可以用于生孩子等"无法搬家但家人的东西增多"的情况，非常有效。

156

One More
advice

　　夫妇两人有时候商量着商量着就会吵起来。实在无法自行解决的时候，欢迎前来咨询我们这种收纳整理顾问。或许，通过第三者的客观指导，大家更能愉快地接受某项原则。

第 5 章

你的房间里也能打造一间书房

——打造米田式"精神时光屋"的方法

　　在整理好房间后，终于要着手把房间打造成有利于集中注意力的房间了。

　　居家办公人士、在家学习的人士等一定要看完。

　　我将介绍打造一间让你注意力提高 10 倍的房间的诀窍。

[打造一间书房的方法]

方法
31

只要有一张榻榻米就能工作

阅读用时 **4** 分钟

你知道漫画《龙珠》里的"精神时光屋"吗？在那个房间里，时间流逝得比外界慢，悟空、贝吉塔在一无所有的空间里集中精力专心修行。

想必很多人做过这样的梦吧——如果自己家里也有一间"精神时光屋"就好了。

"但是自己的家太小了，根本没有能用于工作的空间。"

"孩子越来越大，我没有了自己的房间，这绝对不行！"

有以上这些想法的你请不要放弃！

只要有一张榻榻米①，就能做一间书房。

我可不是骗你。

在住宅设计方面，一张榻榻米能够满足书房的最低空间要求，两张的话非常充足，三张的话就非常豪华了。

即使没有专门的单间，只要有一张桌子、一把椅子、一个小型的组合柜，就能打造一个简易书房。

一张榻榻米大小的书房的布局可以参考公开在一级建筑师 HIRO 先生所经营的 Sekkei Support 上的房间平面图。

近来，一些车站或购物中心里增设了一种叫做"远程办公室"的电话亭式的远程办公空间，占地面积仅约 0.8 张榻榻米大。这种空间的单人使用费为 15 分钟 250 日元。如果在自己家里做一个这样的空间，还能节省花销。

另外，还有很多人选择在咖啡馆办公。虽然咖

---

① 一张榻榻米的面积为 1.62 平方米。

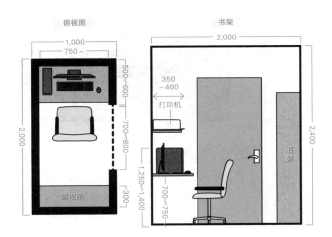

一张榻榻米大小的书房的布局（单位：毫米）

俯视图　　　　　　　书架

※书桌选择长75厘米、宽50~60厘米的即可。需要设计出70~80厘米使椅子能够前后自由移动的空间。我依据Sekkei Support网站主页内容制作而成。

啡馆空间宽敞，给人一种宽松的感觉，但其实普通的咖啡馆里每平方米平均会设置 2 个座位，换算成榻榻米的话，每个座位只有 0.9 张榻榻米大小。

轻松找出一张榻榻米大小的空间

　　不管是卧室、客厅，还是厨房一角，首先在家里找一个一张榻榻米大小的空间。

1.6张榻榻米大小的书房的布局 （单位：毫米）

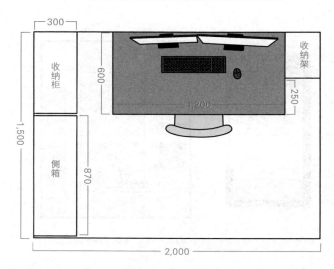

- 300
- 1,500
- 收纳柜
- 侧箱
- 870
- 600
- 1,200
- 250
- 收纳架
- 2,000

1.6张榻榻米大小的空间刚刚好，足够收纳且宽敞

即使一时间想不到合适的地方也没关系，不要轻易放弃，其实只要挪动一下当前用不到的东西，比如长久未用过的锻炼器材、搬家以来从未打开过的纸壳箱、存放换季衣物的收纳箱等，就能轻松找到一处合适的空间。

如果要在客厅等与家人共用的空间里做一处书房，可以用可移动式隔板来划分空间。

顺便说一下，第 164 页图的空间布局是我家的工作空间示意图。由于我在房间的中间位置工作或学习，所以空间设置得宽敞些，占用了 1.6 张榻榻米大小的空间。工作结束后，把椅子放回去，坐在小地毯上放松放松，做做运动或者看看电视。

One More
advice

　　在确定合适的书房空间时，要同时注意插座的位置。从布局上来讲，办公桌对着窗户或者墙壁比较好，因为工作的时候不容易受周围人影响。

方法

32

设置一种别人不会轻易打扰你的领域

在客厅工作的多数人都有很多不满，比如家人总是在眼前晃来晃去、孩子太吵闹以至于自己无法集中精力，等等。针对这些情况，我建议**在家里创造一个"禁区"**。

每个人所拥有的个人空间的大小不尽相同。就算是家人，只要进入个人空间，就会分散你的注意力。我们即便无法在物理上增加自家的占地面积，也可以通过创造一个能够集中精力工作的"禁区"，在心理上感觉房间宽敞一些。

在有意识地打造自己的领域时，**使用小块地**

毯非常方便。在办公桌周围多铺一些小块地毯，也可以用家具或植物当作记号。事先和家人约定好："我工作的时候请不要到这片区域来。"

不过，就算创造出一块"禁区"，如果其中乱七八糟地放着各种衣服或感兴趣的东西，也很容易打断注意力。因此，可以在自己的领域的入口放一个大的筐，给自己定一条"禁区里用完，却没有收起来的东西姑且先一股脑儿放到筐里"的规则，这样一来就算再忙，也不用担心东西散乱得到处都是。

如果想创造一个在视觉上也独属一人的空间，然后在里面集中精力做事，我推荐利用家用可移动式隔板。一万日元左右就能买到。在参加紧急线上会议时，还能保护房间里的情景不被拍摄进去，非常好用。

使工作情况可视化

在确保空间的同时，还有一点非常重要，那

就是把不希望被搭话的时机节点可视化。

我在第 2 章（专栏，第 89 页）中也提到过，在工作中，只要被人搭话，工作效率就会降低。从家人的角度来讲，一天 24 小时不让人发出声音、不说话，是根本没办法生活的。通过把自己的工作内容简单易懂地可视化，就能使大家都愉快地生活。比如用彩色画纸把自己的工作状况用视觉化的形式表示出来。**红色表示"线上会议、电话中"，**请家人不要做任何会发出声音的家务活儿，比如使用吸尘器或者洗衣机等。开始时间非常明确的会议要在早上事先告知家人。

黄色表示"正在做希望集中精力做的工作"。请家人避免做出会分散你的注意力的行为，比如不要跟你说话或者大声看电视等。

蓝色表示"正在做一些没有那么紧急的任务"，比如检查邮件等。这期间可以发出噪声，请

家人放轻松。如果不用彩色画纸，也可以利用
LINEAPP（连我）贴纸等与家人们分享你的现状。

　　每个家庭的住宅情况各不相同，有的人或许
没有单间。不过，即便没有单间，也可以通过
"禁区+向家人说明情况"的方式来创造一个近似
于单间的环境。

　　此外，对于即使空间狭小也希望在单间里工作
的人来说，可以在卧室的布局上下点功夫，试试看
能不能在卧室里空出一张榻榻米大小的地方。顺便
一提，还有的人把步入式衣柜当作书房。只要挪动
一下东西，总能空出一张榻榻米大小的地方！

　　不要轻易放弃，一定要多尝试下。

One More advice

　　我还想推荐一下降噪耳机，它不仅能帮助
你集中精力做事，而且家人只要看到你戴着耳
机，就能明白这时候尽量不打扰你。

方法
33

通过调节桌椅的高度来
防止"过劳症"

阅读用时 **5** 分钟

　　我经常听到人说:"在家工作比在办公室工作感觉时间更长,更容易疲劳。"有许多人得出结论:"果然自己还是需要和同事说说话。"不过,**这或许只是因为桌子和椅子与你的坐高(人坐在椅子上从臀部到头顶的高度)不合适。**

Evidence
　　《产业卫生学》杂志上刊登过一篇论文[①],它的结论很有意思。

———————————

　　① 《自由选座式办公室布局下的 VDT 工作者的姿势与身体疲劳感》2006 年,独立行政法人产业医学综合研究所。

　　这项研究以系统工程师为对象，分为固定座位与自由选座（没有固定工位，自己选择工位的形式）两组，对作业时间和压力、疲劳的关系做了调查研究。

　　结果显示，自由选座一组的工作人员由于多数采用脚后跟悬空的姿势工作，除了容易眼睛疼、脖颈或肩膀僵硬，还表现出长期工作导致的"精神疲劳"的症状。这些症状长期积累下来容易导致"**过劳症**（Burnout）"。

　　"过劳症"是指一直拼命工作的人突然失去热情或欲望的状态。表现为无力感、失去活力，对工作失去干劲或热情，粗鲁草率地对待他人等。每个人都有可能遇到这些问题，不过我们完全可以通过调整桌子和椅子的高度来防患于未然。

调节一下办公桌和椅子的高度

　　在上面提到的研究中，两组被实验者中对办公桌或椅子不满意的人几乎一样多，得到的结论是"不是办公桌和椅子本身有问题，而是在自由选座的情况下，由于不注意调节高度，导致脚踝容易肿"。

你的办公桌、椅子高多少厘米？

Evidence

据日本办公家具协会（JOIFA）的研究，最合适的办公桌的高度在 1971 年被设定为 70 厘米，1999 年以后调整为 72 厘米。因此，市面上销售的办公桌一般高度在 70—72 厘米之间。

不过，这个办公桌高度是在以书写工作为核心的时代制定的。**在以电脑办公为主的当下，调低 5 厘米左右更合适。**我身高 162 厘米，70 厘米高的办公桌用着多少有些不舒服。

关于办公桌高度的计算，可以参考电竞家具品牌 Bauhutte 的官方网站。网站上有一种模拟器，输入身高后，可以得出最合适的办公桌、椅子的高度，请一定去这个网站上确认下（https://www.bauhutte.jp/bauhutte-life/tip2/）。

根据书桌高度求理想的座椅高度的公式

书写工作：
③=①÷3-1（厘米）
用电脑工作时：
③=①÷3-6（厘米）
理想的座椅高度②=④-③

①坐高（一人坐在椅子上从臀部到头顶的高度）

②座椅高度

③高度差

④书桌顶部距离地面的高度

上图引用自该网站，一般认为理想的标准是"高度差=坐高÷3-6cm"。

我身高 162 厘米，坐高 80 厘米，通过模拟器得知在电脑办公时，最合适的座椅高度是 40 厘米（办公桌高 63 厘米）。身高 170 厘米的话，最合适的座椅高度是 42 厘米（办公桌高 67 厘米）。

桌宽根据显示器的大小来决定

对接下来想买新的办公桌、椅子的人士，我建议选择升降式办公桌和高度可调节的椅子。如果目前的桌子高度与身高不合适，或许可以用脚

173

踏来调节下。便宜的脚踏只要 1000 日元左右，也可以用您家里的坐垫或者踏板来代替。

如果在脚踝肿胀的状态下持续久坐，容易导致腰痛。通过调整椅子的高度或者用脚踏来调整座椅高度，从而保证即使久坐也不会脚肿。

顺便说一下，我使用的是 FLEXISPOT 的电动升降桌。高度可以用遥控器在 63—126 厘米的范围内进行调整，因此可以分不同使用情况来调整，比如用电脑办公时调整为 64 厘米，看书学习时调整为 70 厘米，站着会谈时调整为 106 厘米，非常方便。

调节桌子的高度时要以厘米为单位慢慢调节，不过对于长和宽可以不必这么精细。据 JOIFA 的研究，一般认为长 100 厘米、宽 60—70 厘米的桌子最适合办公室布局标准，不过这是在工作空间足够宽敞的情况下。

如果家里的工作空间有限，就没有办法使用那么宽的桌子了。**如果采用小型显示器或笔记本**

电脑办公，那么选用长 70 厘米、宽 45 厘米的桌子就足够用了。

使用办公室中常见的大型显示器来工作的人士可以根据希望使用的显示器的大小来决定办公桌的宽度。我家里采用了双显示器，既有 EIZO 23.8 英寸显示器的台式电脑，也有笔记本电脑，所以配置了宽 68 厘米的桌子（参考第 177 页的照片）。

One More
advice

　　腰痛或肩膀僵硬是居家办公的大敌。即使桌子的高度有一厘米的不合适，人的效率也会大大降低。请务必测量一下你的办公桌和椅子的高度。

方法
34

采用优质的键盘作为给
自己的奖励

阅读用时 **3** 分钟

　　市面上有很多办公周边配件（小型电子器具），每个人的喜好也不尽相同。要想一口气买全，既费精力又花钱。另外，小配件买得太多的话，桌上又会多出很多放着占地方的东西，导致本末倒置。

　　配件类没有必要一次性购买齐全，完全可以一点点慢慢添置。买来后，只要觉得有一点不合适，就尽快在煤炉等网站上卖掉吧。当买了新品后，淘汰的旧物件可以卖掉或转让给别人。

　　第 177 页展示了我家中的办公周边配件，供大

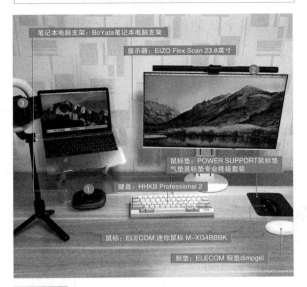

提高集中力的最强小配件布置（以我为例）

笔记本电脑支架：BoYata笔记本电脑支架

显示器：EIZO Flex Scan 23.8英寸

鼠标垫：POWER SUPPORT鼠标垫
气垫鼠标垫专业终极套装

键盘：HHKB Professional 2

鼠标：ELECOM 迷你鼠标 M-XG4BBBK

腕垫：ELECOM 腕垫dimpgel

线上会议用品
①麦克风：Anker PowerConf 麦克风
②显示器悬挂灯：BenQ ScreenBar
③摄像头：带补光灯的蓝牙自拍杆

家参考。

**对于不知道买些什么的人士，我建议先从需
要长时间接触的键盘入手。**居家办公时，聊天或
邮件等方式的沟通时间变多了，应当选择一个适
合自己的用着舒服的键盘。

键盘的种类非常多，从便宜的到昂贵的应有尽有，它属于长期使用的物品，所以买一个好的吧。

在工程师同事的推荐下，我购买了 HHKB（Happy Hacking Keyboard）Professional2，每天打一万字手都不会累！

One More advice

如果经常需要参加线上会议，我建议购买麦克风、补光灯、摄像头。这些小配件会占用桌子的空间，因此推荐选用能够高效利用空间的物品。BenQ 的显示器悬挂灯可以挂在显示器上来使用，不占用地方，能使桌面更宽敞，非常方便。屏幕由显示器支架支撑着，也很不错。

[适配器的整理方法]

方法

35

把不断增多的适配器整理好

作业用时 **5** 分钟

　　我经常听到开始居家办公的人抱怨，**苦恼于适配器和各种配线越来越多**。或许有不少人由于电脑充电、显示器等需要使用的 AC 适配器越来越多，而苦恼于如何管理。

　　刚准备开始工作，却突然跑出来一个不知道什么用途的适配器，以至于完全无法集中精力做事，忍不住想它的主体在哪儿、是不是 Wi-Fi 路由器的备用品……这些都提醒我们要适当管理适配器等物品。

　　因此，要把经常使用的适配器和不常使用的

区分管理。

经常使用的诸如显示器电源、笔记本电脑适配器、手机充电线等，都可以放在上图所示的线缆收纳盒里保管，避免线缠成一团。不过，这种收纳盒容易积灰，要记得定期擦拭。还有一种值得推荐的收纳，即在桌子上设置电线管理器或者网格架，对配线进行收纳。

非每日必用的适配器分门别类收纳

非每日必用的适配器按照用途放在带拉链的透明塑料袋里，每次使用后从插座上拔下来，然后放回原来的袋子里（使用后一定不要放在那里不管）。同一个袋子里不要放多个种类的适配器，按照用途仔细加以区分，比如电脑用品、相机用品、手机用品等，在袋子上贴一个标签就能清楚地知道里面装的是什么。

对于基本用不到但是单独购买又买不到的适

适配器收纳的正反面例子

×反面例子　　　　　　○正面例子

配器，要集中放在一个袋子里，收纳进抽屉里。尤其是使用频率较低的家电的适配器，可以用美纹胶带与家电主体贴在同一个地方，这样就不用担心弄丢了。

另外，**半年后依然用不到的适配器就干脆处理掉吧**。如果房子是租来的，那么直接丢掉 Wi-Fi 路由器、住宅备用品等物品容易引起问题，请事先与房东确认好。

适配器如果散乱地放在地板上，既容易积灰，又可能导致火灾。把每天都要用到的适配器和除此以外的区分开，加以整理。

·适配器的整理方法

步骤1　每天使用的适配器和偶尔用到的适配器区分开。

步骤2　每天使用的适配器放在收纳盒里保管。

步骤3　对偶尔使用的适配器仔细加以区分，分别放在带拉链的透明塑料袋里，使用时取出，用后及时放回。

步骤4　超过半年用不到的适配器果断处理掉。

One More
advice

对于在办公室或自己家里等多个场所使用适配器或小配件的人士，我建议按照适配器的数量准备一些彩色的夹子或带子，把它们捆起来放在带拉链的透明塑料袋里保管，这样既能避免线缆缠绕不清，又能防止丢失。

[任务管理]

方法
36

把冰箱当作家务的任务板

作业用时 **2** 分钟

　　不管怎么收拾房间，居家办公总是充满了诱惑。尤其需要注意的是对于家务的罪恶感。

　　工作中只要想到家务，比如还有衣服没有洗、忘了给政府部门打电话等等，注意力就会被打断。**如果总有未完成的家务出现在脑海里，那就物理上输出吧。**

　　这时候，冰箱就帮上忙了。

　　我在家里把冰箱当作家务的任务板来使用。在冰箱上放一个小篮子，里面放上记事本、磁铁、圆珠笔，把想起来的家务都写在记事本上，比如买某某食材、洗衣服、煮米饭等等，然后贴在冰箱上。人们一般每隔几小时就会打开一次冰箱，因此能够经常看到这些便笺，不用担心遗忘。

如果在工作中想起其他的任务，会影响工作效率。**把冰箱当作任务板灵活利用，练就一身"写下来后就不要让家务活儿打断注意力"的本领吧。**

不过，我不建议把打折优惠券、当地的通知单等全部贴在冰箱上。因为这样一来，每次开关冰箱时，人们就会潜意识地开始思考关于冰箱上贴着的传单的事情。

冰箱上只贴必要的便笺。每天结束时（或者早上）重新检查一遍，已经完成的任务或没有用的便笺要及时处理掉。

One More advice

像"周一扔垃圾""××日女儿要参加开学仪式"这种有固定日期的任务，也可以在手机的日历中做标记来提醒自己。

[适当的变化]

方法
37

按照工作内容做些小改变，制作效率图

阅读用时 **4** 分钟

居家办公的人一般需要集中精力连续工作 7 小时左右（更有甚者长达 12 小时）。在通勤上班时，一般有办公室、会议室、休息室等多种工作空间，可以转换下心情，但是居家办公基本做不到这样。没有人聊天，看到的景色基本都是一样的。不能像在办公室那样集中精力或换换心情。

我们需要一些变化来使居家办公节奏有张有弛。 那就试着给居家办公环境换个样子吧。

以我为例，我会按照工作内容，像第 186 页图所示的那样改变环境。

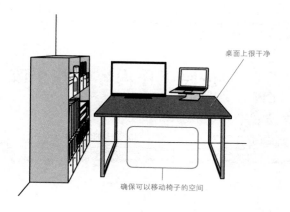

桌面上很干净

确保可以移动椅子的空间

①工作时

在处理会计事务或需要写一些东西的工作时，要把视线范围内的物品清零。把桌子上的东西全部清理干净，连椅子附近和地板上也收拾整洁，使椅子能够在附近自由移动。

重要的是把桌子上归零的这种状态作为默认状态。

②做创造性工作时

在做一些诸如企划书、新创意框架等工作时，有意识地杂乱地放置一些东西。在视线范围内放一些相关的书、解压用品、玩偶等"合适的物品"，有利于激发想象力。

Evidence

明尼苏达大学的凯瑟琳·沃斯（Kathleen Vohs）教授曾发表过一项研究结果①，认为杂乱的桌面有利于激发创造力。

专注力和创造力的一些部分是相反的。注意力集中于一件事情上可以提高工作效率，而思维在多件事情间跳跃更能激发新的闪光点。

关键在于**要有意识地控制杂乱的状态**。

我很喜欢创意、搞怪杂货店"Village Van-guard"，经常去逛一逛。店里乍看之下似乎杂乱无

① 《杂乱办公桌有助于激发创造力》（A messy desk encoura-ges a creative mind, study finds），美国心理学协会（American psycho-logical association），2013年10月，第44卷第9期。

章，但其实店里的陈设是经过仔细研究的，目的是让顾客喜欢。

桌子也是同样道理。摆放着有利于激发创造力的外文书或者小册子的状态，与堆满令人想到未完成任务的文件的状态，这两种桌面状态带给人的心情是完全不同的，所以要布置成前者的样子。

有意识地杂乱地放置
有利于激发创造力！

有意地创造一种令人心情愉悦的混沌。

当桌面的默认状态是归零时，我们只需要在切换到创意模式时有意识地布置一些必要的东西，在想要集中注意力的时候把它们收起来就可以了。

最理想的状态是在自家的桌面上既能实现集

中注意力的状态，也能实现创造性工作所需要的状态。首先把桌面的默认状态归零，然后有意识地控制混沌状态。

③参加线上会议时

在利用 Zoom 等软件参加线上会议时，如果身后的房间布局被拍进去，生活被全部窥视，会让人无法安心。Zoom 上可以设置虚拟背景，但其他的会议系统不一定有这种功能，而正式面试等情况下不适合使用虚拟背景。

如果桌子靠着墙壁或者窗户，**请试着把电脑**

背景只保留墙壁和装饰品

转动 90 度。这样一来，画面中只会拍到墙壁和一些装饰品，有利于保护个人隐私，令人心情愉快。

此外，升降桌非常适合用于隐藏生活感。把桌子调高到 120 厘米，就算阳台上晾着衣服也不会被拍进画面里。开会的 60 分钟内一直站着，这也算是一种运动，长时间参会也不会困乏，可以说是一举两得。

就算不想把桌子更换为升降桌，也可以在桌子上放一个可以调节高度的电脑支架，这样也能起到代替作用。请一定要尝试下站着开会。

④厌烦工作时

当厌倦了在桌子上工作时，**试着换个不一样的工作场所。**能起到避免人感到千篇一律的效果。我一般会这么做：

- 把电脑放在椅子上，坐在地板上工作
- 把电脑放在厨房柜台上，站着工作
- 在阳台的园艺椅上工作

在与平时不同的环境中工作，能够使头脑和心情保持清爽。不过，这顶多是换换心情的"紧急对策"。持续 30 分钟以上有可能导致肩膀僵硬等问题，因此要注意不要长时间这样做。

有的人在没有旁人看着时就无法集中精力，对于这种人士也有一些办法。

首先，请在 YouTube 上搜索"一起学习""咖啡馆噪声"，会出现有很多不同场景的音源。或者，你可以一边和朋友、同事开着视频通话一边工作。在此推荐一款名叫 Discord 的视频连接软件，我自己也在用。最近它还推出了能够远程监控学习状况的功能，按月收费。

　　浴室其实是非常适合集中精力的地方。只要把浴缸盖当作桌子，浴室马上就变成了咖啡馆。把电子文件阅读器装在防水袋里带进去，也非常方便。欢迎尝试下。

八成以上的东京大学的学生在客厅学习

你一般学习多久？

工作繁忙的人或许很难抽出时间坐到书桌前学习，我想向这些人士推荐客厅学习法。

Evidence
据《东大脑的培养方法》（主妇之友社）中的统计数据，高达83%的东大学生在客厅学习。这是一个非常惊人的数字。这本书的主编、脑科学家沈靖之指出："**在客厅学习消除了学习和学习以外的事务的界限，有利于把学习变成生活的一部分。**"

确实，有的时候不给自己鼓鼓劲，就没办法开始学习。不是在放松后才打起精神学习，而是在放松的状态下自然而然地开始学习，这样一来就能毫不费力地保持精神集中的状态。养成这样的习惯就好了。

　　顺便一提，我在备考时一般会在餐厅和自己的房间这两个地方学习。这两个地方处在一条直线上，所以可以一边离在厨房做饭的妈妈近一点，一边在客厅的桌子和自己的房间之间来来回回，每天都学得非常开心。

　　当时，我的同学也有去补习班的自习室学习的，他们觉得在房间里学习容易让人拖拖拉拉的。不过，只要把学习的习惯融入到生活中，即使是细碎的时间，也能迅速集中精力来学习，非常高效。

重要的不是客厅或餐厅，而是把学习变成一种习惯。家里空间狭小、没有自己的房间等等说辞，难道不是在逃避居家办公或学习吗？做出成绩的人不会把环境当作借口。从今天开始，不要再把环境当作借口啦。

后　记

在自己家里实现梦想

迄今为止，我都是在自己家里实现梦想的。

幼年时，我非常仰慕做编剧的祖父，他曾经在桌子上铺满纸张一个人编写故事和剧本。我在备考东京大学、写大学毕业论文时，在自己家里的书桌前度过的时间最长。

备考时，我曾经每天在家里学习 10 小时以上。不可思议的是，我即使现在回到老家，只要坐在当时的书桌前，就能持续集中精力长达数小时。

如果父母给我买的书桌低 2 厘米，我或许就无法这么长时间沉迷于学习了吧。父母创造的平和的家庭环境也是我能够成长为喜欢家的类型的人的主要原因。我的父亲经常在书房读书，母亲则在厨房做饭或者在餐桌上画画。

走入社会后，换工作的想法或主意也多是在家里的浴缸或者客厅里诞生的。我的第一本书《不扔东西的整理术》，第二本书也都是在自己家里完成的。

我写这本书的契机是 PHP 研究所的大隅元副主编在推特上给我发了一条私信："我想请米田女士写一本以居家办公、学习为主题的'收纳整理方法'的书。"实际上，我与大隅先生只见过一面。我们一般通过线上会议和脸谱网来不断交换关于书稿的意见建议，对友人的采访也是通过 SNS 来完成的。

我是路痴，怕热也怕冷，严重晕车且在人多的场合容易头晕，恐高又怕黑，根本无法适应露营等户外活动，不过只要在家里，心总是安定的。随着科技的进步，在家里就能够完成的事情越来越多样化，我常常感谢自己出生在这样一个好时代。

　　还有很多人的生活是我无法想象的，比如有孩子的人士、需要居家看护的人士等。通过这本书，我介绍了在各种家庭环境下的房间整理方法，供想要集中精力工作或学习的人士参考。希望本书多多少少能够为大家的居家办公或学习生活提供一点帮助。

　　最后，我要感谢大隅先生以及 PHP 研究所的各位同人，山本宪资、清水万稚、田中佑佳、冈本真由子等株式会社 SUMALLY 的各位同人，接受采访的各位，以及为我提供了充满梦想的家的父母和弟弟。

图字：01-2024-4030 号

SHUCHU DEKINAI NO WA, HEYA NO SEI

Copyright © 2021 by Marina KOMEDA

All rights reserved.

Interior illustrations by Chiharu NIKAIDO

First original Japanese edition published by PHP Institute, Inc., Japan. Simplified Chinese translation rights arranged with PHP Institute, Inc. through Hanhe International(HK) Co., Ltd.

图书在版编目（CIP）数据

书房改运整理术/（日）米田玛丽娜 著；刘晓霞译. -- 北京：东方出版社，2025. 2 -- ISBN 978-7-5207-4089-0

Ⅰ. TS976. 3

中国国家版本馆 CIP 数据核字第 2024W37Z72 号

书房改运整理术

SHUFANG GAIYUN ZHENGLISHU

作　　者：[日] 米田玛丽娜
译　　者：刘晓霞
责任编辑：高琛倩
责任审校：赵鹏丽
出　　版：东方出版社
发　　行：人民东方出版传媒有限公司
地　　址：北京市东城区朝阳门内大街 166 号
邮　　编：100010
印　　刷：北京联兴盛业印刷股份有限公司
版　　次：2025 年 2 月第 1 版
印　　次：2025 年 2 月第 1 次印刷
开　　本：787 毫米×1092 毫米　1/32
印　　张：7. 25
字　　数：88 千字
书　　号：ISBN 978-7-5207-4089-0
定　　价：59. 80 元
发行电话：(010) 85924663　85924644　85924641